勉強の技術

すべての努力を成果に変える
科学的学習の極意

児玉光雄

SB Creative

賀来　桜(かく　さくら)
これまで常に第1志望を母校にしてきた勉強の達人。ドイツ語、スペイン語、中国語も独学でマスター。「合理的に勉強しているだけだから、努力しているという自覚はない」らしい。

今田多浪(いまだ　たろう)
1浪中。父親がリストラされたせいで「2浪はさせられない。受からなければ働いてくれ」と言われており、後がない

忘田　勉(わすれだ　つとむ)
入社3年目。次々と帰国子女の優秀な新人が入ってきて危機感を抱くも、会社に800点のTOEICスコアを求められ、絶望中。

本文デザイン・アートディレクション：クニメディア株式会社
イラスト：にしかわたく
校正：曽根信寿

はじめに

　あなたの**勉強の効率性**と**やる気**を確実に高めてもらうために、私はこの本を執筆しました。この本は1項目が2〜4ページの完結型で、どこから読んでも即座に勉強の技術が頭の中に入ってきます。ぜひ、この本を机の上に置いておき、繰り返し読んでください。

　入学試験はもちろん、資格試験においても、好きで勉強する人はほとんどいないと思います。高校時代、要領の良さでは誰にも負けない自信があった私は、徹底して効率的な勉強に取り組みました。東大や京大に現役合格した友人と一緒に図書館で勉強して感じたことは、彼らは直感力が鋭く、常にさまざまな工夫を凝らして勉強の効率化を考えていたことです（もちろん、彼らの頭が良かったことは否定しませんが）。

　例えば、彼らは過去問の出題傾向を分析して、出題頻度の高い類似問題を徹底して解いたり、すきま時間を活用して勉強時間にあてる、という態度がしっかりと身に付いていました。もちろん、彼らが高いレベルのモチベーションと集中力を維持して、勉強にのめり込んだことはいうまでもありません。

つまり、**スポーツと同じように、勉強も技術**なのです。もはや、ただ猛練習に明け暮れるだけでは一流のアスリートになれないように、勉強でも効率化や動機付けをはじめとする、さまざまなノウハウを持ち込まない限り、目標や夢をかなえることなど到底不可能なのです。

　同時に、彼らは飛び切りの自信家でした。彼らは頻繁に「絶対志望校に現役で合格できる！」という、確信に満ちたメッセージを口にしていました。ニューヨーク大学（米国）のリチャード・フェルソン博士は、2213名の高校1年生を、3年にわたり追跡調査して、3年後の卒業時に成績が伸びた高校生の共通点を分析しました。彼らの共通点は何だったのでしょうか？　伸びる生徒の共通点は、**自己評価が高かった**ことでした。彼らは、「私の知能はこんなものじゃない」「私はもっと潜在能力を発揮できる」と考えていたのです。もう1つ彼らの共通点は、**辛い努力もいとわない強じんなメンタルを持っていた**ことです。あなたも、高い志を立て、過去の成績を度外視して、「自分はもっと勉強ができる」と自分に語りかけるべきなのです。

　どんなに時代が変わっても、勉強に精を出す人が有利であることに変わりはありません。能力主義が高まる中、優れた語学力を持つ人はどの業界でも引っ張りだこですし、医師、弁護士、パイロットといった有力な難関資格の取得は、相変わらず人気を集めています。

　集中力やモチベーションを高めて、普通の人が10時

間かかる勉強を7時間で学習できたら、その人は**勉強の達人に仲間入りできる**のです。素質や頭の良さはほとんど関係ありません。徹底して脳科学や心理学の法則にのっとったスマートな方法で勉強することにより、勉強の効率は2倍にも3倍にもなるのです。この本では、賢明なノート活用術などにも触れています。ぜひ、この本を活用して効率的な勉強法をマスターし、あなたの夢をかなえてください。

最後に、この本を実現していただいた科学書籍編集部の益田賢治編集長と担当編集の石井顕一氏、イラストレーターのにしかわたく氏に感謝の意を表します。

2015年10月　児玉光雄

著者プロフィール

児玉光雄（こだま みつお）

1947年、兵庫県生まれ。追手門学院大学客員教授。前鹿屋体育大学教授。京都大学工学部卒。学生時代はテニスプレーヤーとして活躍し、全日本選手権にも出場。カリフォルニア大学ロサンゼルス校（UCLA）大学院にて工学修士号を取得。米国オリンピック委員会スポーツ科学部門本部の客員研究員として、オリンピック選手のデータ分析に従事。専門は臨床スポーツ心理学、体育方法学。能力開発にも造詣が深く、数多くの脳トレ本を執筆するだけでなく、これまで『進研ゼミ』（ベネッセコーポレーション）、『プレジデント』（プレジデント社）、『日経ビジネスAssocié』（日経BP社）など、多くの受験雑誌やビジネス誌に能力開発に関するコラムを執筆。これらのテーマで、大手上場企業を中心に年間70〜80回のペースで講演活動をしている。おもな著書は、ベストセラーになっている『錦織圭　マイケル・チャンに学んだ勝者の思考』（楓書店）をはじめ、『本番に強い子に育てるコーチング』（河出書房新社）、『マンガでわかるメンタルトレーニング』『上達の技術』（サイエンス・アイ新書）など150冊以上、累計250万部にのぼる。日本スポーツ心理学会会員、日本体育学会会員。

CONTENTS

勉強の技術
すべての努力を成果に変える科学的学習の極意

はじめに ……………………………………………………… 3

第1章　脳を活性化する技術 …………… 9
- 1-1　問題が解けた快感を脳に強く刻み込む ………… 10
- 1-2　脳とコンピュータの違いを理解する …………… 12
- 1-3　ミラー・ニューロンを徹底的に鍛える ………… 14
- 1-4　勉強の成否のカギを握る海馬を理解する ……… 18
- 1-5　「ガードナー理論」で自分の得意技を知る …… 20
- 1-6　勉強の効率を高めるには
       脳波をα波とθ波に調整する ……………………… 22
- Column 01　「験担ぎ」の効用を理解する …………… 24

第2章　計画する技術 ……………………… 25
- 2-1　時間管理勉強法で学習効率を高める …………… 26
- 2-2　「SMART理論」で目標を設定する ……………… 30
- 2-3　理屈抜きに勉強の量を稼ぐ ……………………… 32
- 2-4　勉強は時間との闘いと心得る …………………… 34
- 2-5　試験日からの「逆算リスト」を作成する ……… 36
- 2-6　勉強の優先順位を徹底して付ける ……………… 38
- 2-7　賢くスケジューリングする ……………………… 42
- 2-8　「負の強化」をじょうずに使う ………………… 44
- Column 02　やる気は赤い服を着るだけで高まる …… 46

第3章　理解力を高める技術 …………… 47
- 3-1　「学習の転移」を活用する ……………………… 48
- 3-2　「時間制限法」で速読する ……………………… 50
- 3-3　「集中学習」と「分散学習」を知る …………… 52
- 3-4　ものごとの本質を見極める
       推理力を身に付ける ……………………………… 54
- 3-5　「PDCAサイクル」で
       上昇スパイラルに乗る …………………………… 56
- 3-6　「SWOT分析」で自分を客観的に観る ………… 58
- Column 03　言い訳を徹底的に排除しよう …………… 60

第4章　論理的思考力を高める技術 … 61
- 4-1　「三角ロジック」で論理的に思考する ………… 62
- 4-2　「帰納法」と「演繹法」を自在に使い分ける … 66
- 4-3　「マトリクス分析」でやるべきことを明確にする … 68
- 4-4　「メタ認知力」を高める ………………………… 70

サイエンス・アイ新書

4-5	正しいブレイン・ストーミングを知る	72
Column 04	「ヤコブソン・トレーニング」で気持ちをリフレッシュ！	76

第5章　学習速度を劇的に上げる技術 …… 77

5-1	「ぎこちない感覚」で脳を活性化させる	78
5-2	脳梁が発達している人は頭の回転が速い	80
5-3	左脳と右脳を連動させる	82
5-4	指組みと腕組みで利き脳を見極める	84
5-5	空間認知能力を高めて右脳を活性化する	86
5-6	「ビジョン・トレーニング」で情報処理速度を速める	88
5-7	加速学習の「肝」を理解する	92
5-8	総合点を争う試験では苦手な科目を克服する	94
5-9	過去問題集で8割をものにする	96
5-10	膨大な情報を処理する右脳を鍛える	98
5-11	効果的な勉強方法はダイエットからも学べる	100
5-12	勉強を加速する環境に身を置く	102
Column 05	「時間管理チェック用紙」を活用しよう	104

第6章　集中力を手に入れる技術 …… 105

6-1	脳が集中力を発揮するメカニズムを知る	106
6-2	4つのレベルの集中力を使い分ける	108
6-3	集中力の「初頭効果」と「終末効果」を活用する	110
6-4	ストループテストで集中力を高める	112
6-5	瞑想の技術を身に付けてリラックスできるようにする	114

SB Creative

CONTENTS

- 6-6 集中しやすい細切れ時間を逃がさない……116
- 6-7 メンタル・タフネス理論を勉強に取り入れる……118
- 6-8 勉強を成功に導く「回復力」を発揮する……120
- **Column 06** 瞬間的に集中力を高める裏技……124

第7章 モチベーションを高める技術……125
- 7-1 モチベーションは短期的な目標ほど上がる……126
- 7-2 マイナスの自己イメージはプラスに書き換える……128
- 7-3 マインド・セットは「しなやか」にする……130
- 7-4 最強のモチベーターを見つける……132
- 7-5 「持論系モチベーター」を心の中に育てる……134
- 7-6 もっともっと自分に期待する……136
- 7-7 どこまでも成長欲求を高める……138
- 7-8 最高の睡眠パターンを身に付ける……140
- 7-9 心地良い勉強スポットを見つける……142
- 時間管理チェックの評価/快眠チェックの評価……144

第8章 記憶力を強くする技術……145
- 8-1 記憶に不可欠な3つのプロセスを知る……146
- 8-2 エピソード記憶と結びつけて覚える……150
- 8-3 記憶したいことは繰り返し思い出す……152
- 8-4 繰り返し復習して記憶を定着させる……154
- 8-5 感情や体験を織り込んで記憶する……156
- 8-6 「自宅記憶法」で大量に覚える……158
- 8-7 筋力トレーニングを記憶法に応用する……160
- 8-8 暗記物は睡眠前学習で記憶する……162
- **Column 07** 京大落研で出会った記憶の天才Y君……164

第9章 ノートを使いこなす技術……165
- 9-1 文字ばかりではなくイラストを多用する……166
- 9-2 「ダ・ヴィンチ絵画トレーニング」を実行する……168
- 9-3 授業ノートをじょうずにつくる……170
- 9-4 勉強ノートに思考を書き留める……172
- 9-5 マインド・マップをフル活用する……176
- 9-6 授業ノート、勉強ノートは色を駆使する……180
- 9-7 ノート術は読書にも生かす……182
- 9-8 付箋紙、鉛筆、消しゴムを活用する……184

参考文献……188
索引……189

第1章
脳を活性化する技術

1-1	問題が解けた快感を脳に強く刻み込む	p.10
1-2	脳とコンピュータの違いを理解する	p.12
1-3	ミラー・ニューロンを徹底的に鍛える	p.14
1-4	勉強の成否のカギを握る海馬を理解する	p.18
1-5	「ガードナー理論」で自分の得意技を知る	p.20
1-6	勉強の効率を高めるには脳波をα波とθ波に調整する	p.22

1-1 問題が解けた快感を脳に強く刻み込む

この本のテーマは知的勉強法の技術です。脳科学を無視して、ただ、がむしゃらに勉強したところで、たかが知れています。それだけでなく、そんな勉強法ではいくら時間があっても足りません。脳の機能をしっかりと理解して、それに即した勉強法を導入することの大切さを本書では強調します。

多くの人々が「一流大学に合格する人は、もともと頭が良いから入学できた」という錯覚をしています。確かに頭の良さに先天的な資質があることは無視できません。しかし、先天的に頭が良いというだけで一流大学に合格するほど、世の中、甘くはありません。

人は、難しい問題が解けたとき、強烈な快感を得られます。この快感をいかに脳に刻み込むかが、学習を加速させるための大きな要素です。難問が解けた瞬間、あなたの脳には、明らかに化学変化が起きています。ドーパミンという化学物質が大量に脳内に分泌されているのです。これが快感のもとです。

ドーパミンは、中枢神経系に存在する神経伝達物質で、アドレナリン、ノルアドレナリンの前駆体(1つ前の段階の物質)でもあります。特に前頭葉に分布するものが報酬系(欲求が満たされたときや、満たされそうになったときに活性化する神経系統)などに関与し、意欲、動機、学習などに重要な役割を担っているといわれています。

脳はドーパミンが分泌されたとき、その瞬間を強烈に記憶しようとし、それを再現することに全力を尽くします。この脳のパワーを活用しているのが、勉強ができる人の共通点です。

第1章 脳を活性化する技術

　同じ問題を解いていても、渋々問題を解かされている場合と、難問を解いた瞬間の快感を再現するため、自発的に問題を解いている場合では、やる気のレベルがまるで違うのです。

　アメリカの心理学者、レイナー・マートンは、「今、自分がやるべき事態が何とかうまくやれそうだと思える感じのこと。この『やれそうだ』という感覚が自信なのだ」と、語っています。

　勉強しているときに問題が解けた快感を大切にして、目標に向かって突き進む——これこそ、モチベーションを上げて勉強にのめり込むために必要な大きな要素なのです。

難問を解くとドーパミンが分泌されて快感を得られる。この快感がやる気のもとになる

1-2 脳とコンピュータの違いを理解する

　コンピュータを硬い機器と表現すると、脳は柔らかい臓器と表現できます。デジタル型のコンピュータとアナログ型の脳は、その回路が決定的に違います。

　まず、コンピュータです。コンピュータはすべての情報をデジタル化します。もっといえば、すべての情報は0と1に変換されます。ですからオール・オア・ナッシングであり、その中間はありません。一方、脳の神経回路はあいまいです。記憶はすぐに消えてしまったり、コンピュータのように「はい」か「いいえ」だけでなく、その中間も存在します。

　このあいまいさは、コンピュータにはない脳のシナプスが演出しています。シナプスはちょうど鉄道の乗換駅のようなものです。神経繊維と神経繊維の間にすきまが存在していて、これがあいまいさを生み出しています。

　情報は、このすきまを流れるアセチルコリンやグルタミン酸といった化学物質により電気信号に変換され、伝達されます。もしも電気信号が弱いと、この化学物質は少量しか放出されません。それが、コンピュータのような0か1といった二者択一ではなく、あいまいさを生み出しているのです。

　コンピュータのように、入力された情報を画一的に送るのではなく、シナプスにおける伝達によってさまざまな情報に変換されて送られる──それが可塑性と呼ばれる脳の特徴です。

　言い換えれば、アナログ信号により情報はどんどん変質していくということです。つまり、脳という臓器は、正解か不正解という二者択一の無味乾燥なコンピュータと違い、その可塑性を活

第1章 脳を活性化する技術

かして情報を加工しながら、1回ではなく何度も小さな訂正を加えつつ、正解に導いていくのです。

　この事実が私たちに教えてくれる効果的な学習法とは何でしょう？　それは、粘り強く正解を出すまでやめないというあきらめない力であると私は考えています。脳の可塑性を活用すれば、たとえ不正解でも努力を積み重ねることにより、着実に正解にたどりつけます。スポーツ界のチャンピオンにしても、どんな逆境に見舞われても、あきらめずに頑張り続けたから頂点に登り詰めることができたのです。

　これは、まったく勉強にも応用できます。いくら頭が良くてもあきらめ癖のある人は、勉強の勝者の仲間入りはできません。勉強とは試行錯誤の繰り返しです。粘り強く正解を導き出すまで勉強をやめないことこそ、勉強の達人が行っている共通点です。

粘り強く学習することで、脳の可塑性がフルに発揮される

1-3 ミラー・ニューロンを徹底的に鍛える

人の脳にはミラー・ニューロン(鏡のような神経)が存在します。ミラー・ニューロンは、パルマ大学(イタリア)のG・リッツォラッティ博士により見出された神経細胞です。博士は、サルの脳のF5野という、運動をコントロールしている領域に電極を差し込んで実験をしました。この領域は手や口の動きを制御しています。

あるとき、エサをスタッフの1人がつかむと、サルの脳が信号を発しました。そのスタッフは「サルもエサをつかんだのだろうか?」とサルを見てみましたが、サルは手も口も動かさず、ただスタッフを見ているだけです。もう一度同じ動作をすると、やはりサルの脳のこの領域が活性化しました。

つまり、サルは離れたところからスタッフがエサをつかむシーンを見ていただけなのに、サルの脳はサル自身がエサをつかんだときと同じ反応を示したのです。さらにくわしい実験から、サルの脳には相手の行動を映すような神経細胞があることがわかりました。博士はこの神経をミラー・ニューロンと名付けました。

このミラー・ニューロンは人にも存在することがわかっています。典型例はアクビです。あなたはアクビをしている人を見て、無意識にアクビをしたことがあるでしょう。あるいは、料理番組を見ていたら、お腹が空いてきたことはないでしょうか? これらは、ミラー・ニューロンが関与しているといわれています。日本における脳科学の権威、茂木健一郎氏は自著でこう語っています。

「ミラー・ニューロンは、自分の行動の『運動』情報と他人の行動の『感覚』情報を結びつけるという高度な役割を果たしている可

ミラー・ニューロンはサルだけでなく、人にも存在する

能性があります。つまり、『相手がこういう行動をしている。もし私がこの行動をとったら、こういう気持ちになる。だったら、いま相手は私と同じ気持ちになっているかもしれない』という、他者の感情や心を推測する力の源泉になっているかもしれないのです」
茂木健一郎/著『図解 脳を活かす勉強』(PHP研究所、2013年)

　実際、私の専門分野であるスポーツ心理学においても、ゴルフやテニスにおいても、じょうずな人と一緒にプレーすると上達速度が高まることが判明しています。あるいは小著『上達の技術』(サイエンス・アイ新書)でも解説していますが、イメージトレーニングは、上達する上で強力なトレーニング法なのです。
　これは勉強でもまったく通用します。1人で勉強するよりも、**優秀な人と一緒に勉強することにより、ミラー・ニューロンが働いて成績アップに寄与してくれる**はずです。ミラー・ニューロンは別名、**共感回路**とも呼ばれています。たとえば、生徒が大量に一流大学へ合格する高校では、お互いが協力し合って勉強する習慣があるといいます。
　私は、大阪府立高津高校という進学校に在籍していましたが、同じ京都大学を受験する友達と、いつも図書館で一緒に議論しながら過去問を解いたり、出題傾向に関する情報交換を密にしたりして、助け合ったことが思い出されます。当時、高津高校からは毎年、東京大学に5〜10名、京都大学には40〜50名入学していましたから、**同じ志を持つ生徒が一緒に勉強するという環境が、お互いのミラー・ニューロンを刺激し合い、難関大学への大量合格に結び付いていた**と考えられます。あなたが保持しているミラー・ニューロンを活用する環境づくりに努めれば、それがあなたの夢を実現することに大きく貢献してくれるのです。

第1章 脳を活性化する技術

自分よりレベルの高い人と一緒に勉強やスポーツを行うと、ミラー・ニューロンが働いて、上達速度が速まる

1　4　勉強の成否のカギを握る海馬を理解する

　海馬(かいば)という器官の機能を理解することは、効率的な勉強をする上で避けて通れません。海馬は脳の一部で、この器官が記憶に大きく関与しています。海馬はちょうど耳のあたりに位置する、太さ1cm、長さ5cm程度と、ほぼ小指と同じ大きさの小さな器官です。

　脳の容量は限られています。しかも、パソコンのようにメモリやHDDを増設することは不可能です。そこでこの海馬が、必要な情報と不必要な情報とを仕分けているのです。

　海馬と結び付いている**大脳基底核**は、記憶をもとにした予測や期待にもとづくような行動に関与したり、適切な運動を選択したりしています。また、**扁桃核**(へんとうかく)は別名「好き嫌いの脳」とも呼ばれ、海馬に蓄積された記憶を好き嫌いで仕分けています。

　脳内に留まっている時間により、記憶は**長期記憶**と**短期記憶**に分類できます。あなたの意思にかかわらず、脳にはおびただしい量の情報が侵入してきます。海馬はこの仕分けを行っている器官なのです。大脳表面の**大脳皮質**には、海馬が「記憶するに値する」と判断した情報だけが長期記憶として保存されます。

　それでは、どんな記憶が保存されるのでしょう？

　基本的にはまず、**生命を維持するために必要な記憶が最優先**されます。そういう意味では、資格試験や受験勉強に不可欠な知識は生命維持とはほとんど無縁であるため、放っておけば短期記憶として処理され、葬り去られる運命にあります。一方、身体に悪影響を及ぼす情報は、記憶しやすくなります。「平氏が壇ノ浦で滅びたのは1192年である」という記憶よりも、「テングタケは毒

キノコである」という記憶のほうが、長期記憶として定着しやすいのです。

逆に、冷蔵庫の中に保存されている食材が長期記憶として脳内に保存されることはありません。なぜなら、その食材を使ってしまったら、もはや記憶する意味がまったくないからです。このように、海馬は人類が長い歴史の中で身に付けた合理的な機能を持っているのです。

海馬とその周囲の器官

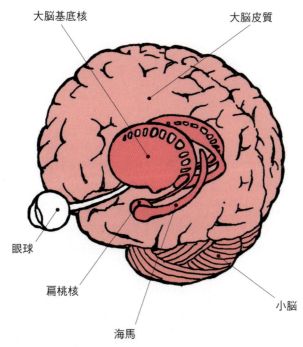

勉強した内容をいかに長期記憶として保存するかが肝になる

1-5 「ガードナー理論」で自分の得意技を知る

　ハーバード大学（米国）のハワード・ガードナー博士は、**多重知能**を提唱しました。彼は、「人の知能は8種類に分けられ、誰でも複数の優秀な知能を備えている」と主張したのです。8種類の知能とは以下の8つです。

1. 論理・数学的知能
2. 博物学的知能
3. 視覚・空間的知能
4. 内省的知能
5. 言語・語学知能
6. 身体運動感覚知能
7. 音楽・リズム知能
8. 対人的知能

　これらの知能が何なのか、それぞれを説明する必要はないでしょう。つまり、頭が良いのは、いわゆる一流大学に入学できる人たちだけではないのです。ひょっとしたら、野球で高校生が甲子園に出場するほうが、一流大学に入学するよりも難しいかもしれません。一流大学に入学できる人だけが頭が良いのではなく、甲子園に出場する高校球児も頭が良いのです。

　図1に示した8種類の知能の中で、最も得意な3つの知能に順位を付けてみましょう。「好きこそもののじょうずなれ」という格言を思い起こしてください。あなたの得意でないものは、いくら頑張っても得意にはなりません。イチロー選手は野球で評価され

第1章 脳を活性化する技術

ています。京都大学の山中伸弥教授はiPS細胞の研究によって、社会から評価を受けています。**得意なものを好きになったら、それは仕事**になります。しかし、いくら好きでも、得意でないものは趣味として楽しむべきです。

あなたの得意技は何ですか？　その得意技を勉強により究めることこそ、あなたの進むべき道なのです。ぼう大な情報がインターネットを通じて無料で世界中から入るこの情報化社会では、もはやただ蘊蓄(うんちく)を傾けるだけの人のニーズは、極端に低下しています。

図1　ガードナー理論における8種類の知能

最も得意な3つの知能の（　）に、1、2、3の数字を書き入れることで自分の「得意技」がわかる

1 6 勉強の効率を高めるには脳波をα波とθ波に調整する

　脳波は、脳の状態をわかりやすく教えてくれます。もちろん、私たちが簡単に脳波を測定することは、いまだに難しいのですが、生活習慣をちょっと変えるだけで、勉強にとって望ましい脳波に調整できます。図2に脳波の種類を示します。ここで簡単にそれぞれの脳波の特徴について説明しましょう。

　まず、ベータ波は昼間の活動時に顕著に現れる脳波です。注意力や認識力がとても強いときに、この脳波が優位に働いています。アルファ波は、私たちが高度に集中力を発揮しているときに出る脳波です。創造性を発揮するときには、この脳波であることが不可欠です。私はアスリートのみならず、受験生にもアルファ波を出力する脳に調整することの大切さを強調します。

　私が懇意にしていただいている日本医科大学の河野貴美子先生は、対局中の羽生善治棋士の脳波を測定しています。河野先生は脳波測定の第一人者です。そこで判明したのは、対局中、羽生棋士の脳はアルファ波がとても優勢だということです。もちろん、左脳よりも右脳のほうが活性化していることも判明しました。文字や数字を処理する左脳ではなく、右脳で画像認識により盤面を認識していることがわかったのです。

　もちろん、ときおり左脳が活性化しているときもありました。このとき、羽生棋士は自分の打った手が間違っていないか点検していたのです。それはともかく、勉強しているときには、アルファ波を優勢にして勉強してほしいのです。

　特に創造性を発揮したいなら、アルファ波よりも周波数のやや低いシータ波が出力されている脳に調整する必要があります。シ

ータ波は、睡眠と覚醒の境界で優勢な脳波です。それだけでなく、この脳波は好奇心や興味を持っているときにも出現し、今、記憶学習についての研究で注目されている、**暗記や復習にとって最も好都合な脳波**なのです。シータ波が出現している状態で復習すれば、通常の脳で学習するよりも10倍効果がある、という説もあるほどです。脳波の調整は勉強における大切な要素です。脳の環境整備に努めれば、脳を好ましい状態に導き、効率良く勉強できるのです。いくらあなたが勉強に時間を割いても、肝心の脳の環境が最悪では、勉強の効率は高まりません。

では、どうすれば脳を勉強に好ましい状態にできるのでしょうか？　それは瞑想です（**6-5**参照）。瞑想する習慣を身に付けることで、意外に簡単にアルファ波やシータ波の脳波を出力して勉強に好ましい脳の環境整備ができるのです。

また、学習するときには、その内容に好奇心や興味を持って取り組みましょう。それを習慣化するだけで、学習時にあなたの脳波は次第に自動的にアルファ波やシータ波に調整され、効率良く学習できるようになるのです。

図2　脳波の種類

周波数(Hz)	名称	特徴
30以上	ガンマ(γ)波	強い不安を感じたり、興奮しているときに現れる。
14～29	ベータ(β)波	昼間の活動時に優勢な脳波。注意力や認識力がとても強い。
8～13	アルファ(α)波	高度の集中力を発揮しているときに優勢な脳波。
4～7	シータ(θ)波	深いリラックス状態、浅い睡眠時に現れる。
4未満	デルタ(δ)波	熟睡しているとき、昏睡状態のときに見られる。

どんなときにどんな脳波が出るのかを念頭に置いて勉強すると効果的である

COLUMN01

「験担ぎ」の効用を理解する

　私は、これまで数多くのトップアスリートのメンタルカウンセラーを務めてきましたが、一流のアスリートほど、験を担ぎます。オリックス時代のイチロー選手には、「ヒットを打ち続ける限り、球場内の自動販売機で同じドリンクを買い続けた」という逸話が残っています。あるいは、元メジャーリーガーで現在、福岡ソフトバンクホークスの松坂大輔投手は、登板するときに必ず三塁と本塁の間に引かれているラインを跳び越えます。

　また、エラスムス大学（オランダ）の心理学者、M・シッパーズ博士は、サッカーやホッケーなどのトップアスリート197名にアンケートを行い、彼らが「験担ぎをしているかどうか」について調べました。

　その結果、80.3％のアスリートが、実際に験担ぎをしていることが判明したのです。自分で決めた些細な作業を、験担ぎとして取り込むことにより、好ましい心理状態で本番に臨めることを、彼らは知っているのです。

　このことから、験を担ぐことは、勉強における成績の向上にも、心理学的に大きく貢献してくれることが期待できます。たとえば、「試験の前日には、必ずカツ丼を食べる」「財布にお守りを忍ばせる」などです。

　これらを習慣化させながら、「次の試験に必ず合格する！」などと繰り返し唱えることで、自己暗示という心理効果がしっかりとはたらいて**好ましい心理状態になり、平常心を失わず、モチベーションも上がる**のです。

第2章
計画する技術

2-1	時間管理勉強法で学習効率を高める	p.26
2-2	「SMART理論」で目標を設定する	p.30
2-3	理屈抜きに勉強の量を稼ぐ	p.32
2-4	勉強は時間との闘いと心得る	p.34
2-5	試験日からの「逆算リスト」を作成する	p.36
2-6	勉強の優先順位を徹底して付ける	p.38
2-7	賢くスケジューリングする	p.42
2-8	「負の強化」をじょうずに使う	p.44

2-1 時間管理勉強法で学習効率を高める

　マサチューセッツ工科大学(米国)のパブソン博士は、「1日1時間の勉強を、1年間持続させれば、誰でもその道の専門家になれる」と主張していますが、勉強する時間として最適なのは、起床後と就寝前です。

　私は朝晩1つの儀式を習慣にしています。それはベッドにいる前後の **15分間の瞑想** と **30分間の勉強** という儀式です(6-5参照)。たとえ出張した際に宿泊するホテルにおいても、よほどのことがない限り、この習慣を崩すことはありません。

　朝は、元気な脳を目一杯発揮して創造性開発の時間にあてます。そして、夜は自分が現在考えている夢や目標について思いついたことをノート(第9章参照)に記入します。具体的な私の朝の儀式は以下の通りです。

●朝の儀式

1. 朝起きた後、トイレに行く
2. 洗面場に行き、顔を洗って歯を磨く
3. ベッドに戻り、15分間、瞑想の儀式を行う
4. キッチンでコーヒーを入れる
5. コーヒーカップを片手に書斎に移動して、30分という時間制限のもと、テーマを決めてアイデアを練る作業と、その日やるべきイベントの優先順位を付ける
6. 朝の儀式を終え、講読しているその日の新聞をリビングルームで丹念に読む

第2章 計画する技術

元気な朝の脳には惜しみなく創造性を発揮させる

私は、よほどのことがない限り、以上に述べたこれらの儀式を実行します。そして、夜は以下の儀式を行います。

●夜の儀式
1. 就寝する1時間前に書斎の机に移動する
2. 30分かけて、その日やり残した勉強（暗記物など）と、反省を兼ねた日誌への記入を行う
3. 洗面所に行き、歯を磨いた後、トイレに行く
4. ベッドに移動して、15分かけて瞑想の儀式を行う
5. その後、眠りに入る

　このように、朝夕それぞれ約1時間のこの作業は、私にとってとても大切な儀式です。だから、どんなことよりも優先させています。たとえ飲み会があってもこの時間を確保するため、よほどのことがない限り2次会に出席することはなく、自宅や宿舎に戻り、この儀式を実行します。もちろん、夜のお酒を控える勇気も持っています。

　もっといえば、**私の1日は睡眠とその前後の1時間の作業を中心に回っている**といっても過言ではありません。

　睡眠前後のそれぞれ1時間は、1人きりになって書斎の机の前に座り、勉強する時間にあてましょう。このとき、起床後は創造系の勉強に、就寝前は暗記物の勉強にあててください（**8-8参照**）。**人は習慣を3週間持続することができれば、半永久的に持続することができる**といわれています。あなたもこの習慣を3週間持続させてみてください。

第2章 計画する技術

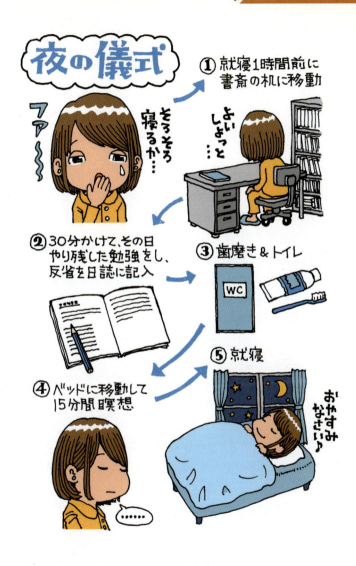

疲れた就寝前の脳には、暗記物などの勉強が向いている

2-2 「SMART理論」で目標を設定する

　目標はSMART理論にもとづいて設定しましょう。SMART理論によれば、設定する目標には、5つの要素が盛り込まれていなければなりません。その5つの要素とは、以下の要素です。

1. Specific（具体的）
誰が読んでもわかる、明確で具体的な表現や言葉で書き表す。

2. Measurable（測定可能）
目標の達成度が誰にでもわかるように、内容を定量化して表す。

3. Achievable（達成可能）
希望や願望ではなく、その目標が達成可能な現実的内容かどうかを頻繁に確認する。

4. Related（関連性）
設定した目標が自分の望むものに合致しているかについて頻繁にチェックする。

5. Time limit（期限設定）
いつまでに目標を達成するか、その期限を明確に設定する。

　この5つの要素を常に意識しながら目標を設定して、その目標を自分の手で頻繁に書き記し（図3）、読み上げ、自分の声でICレコーダーに吹き込んで繰り返し聴きましょう。なぜなら、**目標を意識する頻度と目標実現の確率は明らかに比例する**からです。
　もちろん、目標は頻繁に見直し、修正することが肝要です。あなたは確実に日々、変化・進歩していくわけですから、柔軟な目標設定が求められるのです。

思い通りに事が運ばなかったら、目標設定水準のバーを下げましょう。事がうまく運んで達成期日前に目標が達成できそうなら、バーを上げて、より困難な目標に設定し直しましょう。

目標設定の最大の目的は、その目標を達成することではありません。**やる気レベルを最高に引き上げてくれる目標設定こそ最大の目的**なのです。常に柔軟な気持ちで、やる気を最高に引き投げてくれる目標に書き替えることこそ、効率の良い勉強を可能にしてくれる具体策なのです。

図3　SMART理論チェック用紙

```
                              チェック日：    年   月   日
テーマ
───────────────────────────────

1 このテーマは具体的ですか？
  （誰が読んでもわかる、明確で具体的な表現や言葉で書き表しましょう）
───────────────────────────────

2 このテーマは測定可能ですか？
  （目標の達成度を誰にでもわかるように、その内容を定量化して表しましょう）
───────────────────────────────

3 このテーマは達成可能ですか？
  （希望や願望ではなく、その目標が達成可能な現実的内容かどうかを確認しましょう）
───────────────────────────────

4 このテーマは正しく設定されていますか？
  （設定した目標が自分の望むものに合致しているかを確認しましょう）
───────────────────────────────

5 このテーマは期限が設定されていますか？
  （いつまでに目標を達成するか、その期限を明確に表しましょう）
```

正しい目標設定はやる気を促進してくれる

2-3 理屈抜きに勉強の量を稼ぐ

　勉強の量を稼ぐ——これに優る勉強法はあまり見当たりません。**量質転化こそ、勉強法の王道**です。では、どうやって勉強の量を稼げばいいのでしょうか？　私は勉強の量を稼ぐために、1週間単位で、前もって「何時間勉強に時間を割けるか」をスケジュール帳に記入する習慣を付けることを提唱しています。スケジュール帳に具体的なスケジュールを書き込むことで、実行力が格段に高まるのです。そして断固とした決意で、それをやり遂げることに全力を尽くしましょう。

　「願えば夢が叶う」という安直な自己啓発本がたくさん出回っていますが、私はまったく信用していません。願って夢が叶うくらいなら、この世の中は成功者だらけのはずです。でも、現実はそうではありません。もちろん、私は願うことを否定しているわけではありません。願うことにより実行力が付き、**その実行力こそが私たちを夢に連れていってくれる**のです。

　この本の他のところ（**2-8**参照）でも少し触れていますが、「書くだけダイエット」は、無視できないダイエット成功法です。書くだけダイエットでは、体重を頻繁にスケジュール帳に記入することでモチベーションが高まり、ダイエットを実現するための具体策が実行しやすくなるのです。

　1週間の計画を立てる日曜日の夕方、自分の手で翌週の勉強時間を自らの手でスケジュール帳に記入してください。そして書き記した時間帯は、断固とした決意で勉強する時間にあてるのです。

　『究極の鍛練』（サンマーク出版、2010年）を著したジョフ・コルヴァン氏は、本の中でこう語っています。

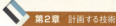

第2章 計画する技術

「究極の鍛練は苦しくつらい。しかし効果がある。究極の鍛練を積めば、パフォーマンスが高まり、死ぬほど繰り返せば偉業につながる」

　午前0時になると、すべての人に24時間が与えられます。そしてその時間は着実に減少していきます。「重要だが難しい作業」と「重要ではないやさしい作業」があったとき、10人のうち9人は後者を優先します。すると、結局、後回しになった「重要だが難しい作業」に手を付けられずに終わる確率が高いのです。
　朝起きたらまず、あなたがその日やるべき作業に優先順位を付けましょう。もちろん、難易度よりも重要度を優先してください。どうせやらなければならないのなら、重要な作業を最優先して、たっぷり時間をかけてください。

勉強できる時間を具体的にスケジュール帳に書き出すと、実行力が格段に高まる

2-4 勉強は時間との闘いと心得る

　勉強は時間との闘いです。試験の日（ゴール）は決まっているわけですから、着実に残り時間は減っていきます。ですから、ただやみくもに勉強するのではなく、時間という概念を頭の中に強く刻み込んで、効率良く勉強することが欠かせないのです。

　私は読書するとき、たとえば「20分間で、50ページ読み進める」と自分に語りかけます。すると、見事に脳はその目標を実現してくれます。もしも「20分間で、25ページ読み進める」と宣言したら、やはり脳はその速度で読み進んでくれます。

　速いスピードで本を読んだり、参考書を理解したりするには、この心構えが不可欠なのです。もちろん本や参考書によって、個々に最適な読書速度を決定します。その本に即した最適な読書速度を設定することが、あなたを勉強の達人に仕立ててくれます。

　私は講演活動で年中移動していますが、すきま時間を活用して読む本や参考書を数冊常にバッグに忍ばせて持ち歩いています。付箋紙も常に持ち歩き、その日の最初のすきま時間に本を読み始める箇所に付箋紙を貼り付けて読み進めます。そのすきま時間に読み進めた箇所にも付箋紙を貼り付けます。

　それだけでなく、すきま時間ができたら、まず前回読み終えた付箋紙のページのすみに時刻を記入して読書を開始し、読み終えたページにも時刻を記入しておきます。そして就寝前に、その日の最初から最後までのページに要した時間と付箋紙の数をチェックしてスケジュール帳に記入します。

　もしあなたが、実際にこの作業を行ったら、多分すきま時間の

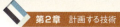

多さにビックリするはずです。私の場合、1日のすきま時間だけを活用して1冊の本を読破することも珍しくありません。1日の中に多く存在するすきま時間をかき集めて勉強時間にあてるのはとても有効な勉強法なのです。

制限時間を設けるとダラダラしない。俗にいう「締め切り効果」でプレッシャーをかけ、集中力を高める

2-5 試験日からの「逆算リスト」を作成する

スケジュール帳には徹底してこだわりましょう。もっといえば、勉強はスケジュール帳の工夫次第で成否が決まるといっても過言ではありません。

スポーツにおいて**ピーキング**(大きな試合に合わせて自分のコンディションを最高の状態に調整すること)は、とても重要な要素です。たとえば、テニスの錦織 圭選手は、2014年、グランドスラムの1つである全米オープンテニスで大活躍しましたが、これはピーキングに成功したから実現できたと私は考えています。彼はこのトーナメントに自分の心身のピークで臨んだから決勝まで進出できたのです。テストの日から逆算して、**大事な本番に最高のコンディションで臨む**ことに、もっと敏感になりましょう。

そしてこのピーキングには、スケジュールの可視化が不可欠です。まず、本番までの日数を逆算してスケジュール帳に赤で記入しましょう。私は年頭、その年の年間計画を立てて、年末までに実現したい夢や目標を書き記します。これが150冊以上の本の執筆と、800回以上の講演を実現させてくれたのです。

毎年1月1日のページには、執筆する本10冊、講演70回、ゴルフのラウンド60回といった、具体的な数字を入れた年間目標を記します。もちろん、目標とする読破する本の数や、行ってみたい話題のレストランの具体的な数と名前も書き記します。

それだけでなく、自宅の書斎の壁に、その年の大きな目標を貼り付けて、毎日読み上げ、果敢に目標実現のための行動を起こすのです。まずスケジュールを可視化して、頻繁にスケジュール帳を見る習慣を身に付けましょう。

第2章 計画する技術

試験当日から逆算してスケジュールを立てると、どんな勉強にどれくらいの時間を割けるかがはっきりするので、計画を立てやすい

勉強の優先順位を徹底して付ける

　私がかねがね不思議に思うことがあります。それは、**勉強の達人は、頭が良いから受験や資格テストの成功者になれたという神話**です。確かに、勉強の達人に頭の良い人が多いことを私は否定しません。しかし、ひょっとしたらそれよりも大切な要因は、**徹底して能率的な勉強法をマスターしている**という彼らの共通点ではないでしょうか？

　あらゆる人に平等に与えられた、時間という限られた資源をいかに効率良く使うかを必死で考え、工夫したからこそ、彼らは結果を出すことができたのです。

　一方、頭が良いにもかかわらず、目指した志望校に合格できなかったり、資格試験でことごとくうまくいかなかったりした人たちの問題点は、勉強の効率性に無頓着だったことと無関係ではありません。効率的な勉強のやり方は人それぞれですが、単純に物理的な勉強時間を増やすことに思案を巡らす人は多いのに、**勉強の効率性について真剣に考える人は案外少ない**のです。

●睡眠時間を減らしてはいけない

　勉強のための物理的時間を増やすときに、まず対象になるのが睡眠時間です。人には、それぞれの睡眠パターンがあり、一概にはいえませんが、どんなに多忙な日でも、私は最低6時間の睡眠を取る習慣をしっかり身に付けています。

　確かに睡眠時間を削れば、物理的に勉強時間を確保することはできますが、肝心の脳の状態が芳しくないため、勉強の能率が上がらず、机に座っている時間が長い割には、勉強ははかどりま

睡眠時間を減らすのは愚の骨頂。ただの自己満足でしかない

せん。

　スケジュール帳にその日の行動をしっかりと記すことから始めましょう。そして、あなたが無駄と思える時間を徹底的に排除しましょう。**無駄な時間を排除するのは、あなたの決断に委ねられている**ということをしっかりと自覚しましょう。

　たとえば、勉強とはまったく無縁の、むしろ無駄と思える「ゲームをする時間」を排除するか、しないかはあなたの決断に委ねられています。勉強とは無縁のゲームに夢中になる時間が勉強時間を侵食していると判断したら、勇気を出してその時間を排除しましょう。

　ただし、勉強のリフレッシュ効果として、たとえば1日15分間の単位で数回、あなたの大好きなスマートフォンのゲームを楽しむ、といった時間はぜひ確保してください。

　ストレスにさらされる勉強の対極にあるリフレッシュタイムは不可欠ですから、それを排除するのではなく、**その時間を設定することが大切**です。たとえば、あなたが「週末の午前中3時間、勉強する」と決めたら、必ず1時間ごとに15分間のブレイク・タイムを設定しましょう。そうすればリフレッシュ効果が表れて、次の1時間集中して勉強できるのです。

　私は**日課カード**を開発して、多くの学生やビジネス・パーソンの方々に活用してもらっています（図4）。まず、起床後この用紙に「その日、必ず達成したい事柄」を優先順位に従って記入してください。そして、就寝前にその達成度の数字を入れた後、反省欄に記入しましょう。この作業は、あなたの勉強の効率化に大きく貢献してくれます。

第2章 計画する技術

図4 日課カード

```
                    日課カード              20  年 月 日

         私はこの日課を今日中に必ず達成する

  1 _____        達成度
    _____
    _____
    _____           %

  2 _____        達成度
    _____
    _____
    _____           %

  3 _____        達成度
    _____
    _____
    _____           %


                      反省欄
    _____
    _____
    _____
    _____
    _____
    _____
    _____
```

起床後、その日に達成したいことを明確にすると成果を出しやすい。目標が目に見えるからだ

41

2/7 賢くスケジューリングする

　日々着実に勉強のノルマをこなすためには、**目標設定が不可欠**です。では、目標はどんなものが良いでしょうか？　目標には大きく分類して、①日課、②週間目標、③月間目標、④年間目標があります。この4種類の目標をすべて作成するのが理想ですが、記入する作業が増えて時間を奪われるのも考えものです。

　私は、①日課と②週間目標を大事にしてほしいと考えます。まず、**1日単位で時間を管理する**。これこそスケジュール管理の原点です。**私たちの人生は今日しかないのです**。このことをしっかりと肝に銘じてください。

　さて、日課同様、週間目標も大切な要素です。イメージしやすいのは週間目標です。日課はスケジュール通りいかないことのほうが多いため、それを週間単位で補填（ほてん）してほしいのです。特に週末は、その週にできなかったスケジュールを補う上でとても大切な時間です。もしも、あなたの勉強が、その週、あまり進んでいなかったら、週末の勉強以外のスケジュールを犠牲にしてもいいからしっかり補ってほしいのです。

　月曜日にスタートして日曜日に終わる――これが週間目標の特徴です。多分、1週間先までのあなたのスケジュールはほとんど確定しているはず。日曜日の夕方、ソファに座りゆったりとした気分で、1週間先までの勉強にあてる時間をしっかり確保しましょう。

　このとき注意してほしいのは、**イメージを働かせて、無理のない形で勉強のスケジュールを組み立てる**こと。脳という臓器は、1週間のスケジュールを生理的・心理的な見地から検証する機能を有しています。そのため、日課や週間スケジュールとして、無

第2章 計画する技術

理に勉強時間を詰め込みすぎると、やる前から脳はモチベーションを下げてしまいます。くれぐれも、日曜日の夕方に翌週の勉強以外のイベントも勘案して、無理のない形で勉強時間を確保することを忘れないでください。

　脳はイメージトレーニングに長けた臓器です。スポーツの世界ではあたり前のイメージトレーニングは、勉強でも威力を発揮してくれます。イメージを働かせながらスケジューリングすれば、1週間のスケジュールを無理なく理想的な形で設定するスキルが身に付くのです。

ただし、無理な計画はモチベーションを下げるだけなので注意

2-8 「負の強化」をじょうずに使う

　勉強するときにやる気が起きないこともあるでしょう。しかし、そんなときでも、気持ちを奮い立たせて勉強に取り組む姿勢が求められます。やる気が起きないから簡単に勉強から遠ざかる癖を付けてしまうと、私たちはそのことに甘んじて、どんどん計画を先送りしたり、実行しなかったりします。人というのは放っておけば安易な方向に流れてしまう動物なのです。

　いくら素晴らしいダイエット法があっても長続きしないのは、持続することが苦痛になって、いわゆる三日坊主になってしまうからです。CMでも、雑誌でも、マイナスの要素はこれっぽっちも出てきません。良いことのオンパレードです。お目当てのダイエット本を購入して、ダイエットをやり始めてみたものの、「こんなはずではなかった！」という想定外の問題点が生じて簡単に頓挫してしまうものなのです。もちろん、その挫折を正当化するための言い訳もはびこります。

　これはモチベーションと大きな相関関係にあるのですが、理想的なことだけを考えているのでは、早晩、壮大な勉強のスケジュールが挫折してしまいます。しかし、それも負の強化という心理スキルを活用すればうまくいきます。負の強化とは、うまくいかないとき、そこに逃げることを防止するために罰を設けることです。たとえば、あなたがダイエットを成功させたかったら、食べたものをすべてメモする習慣を身に付けましょう。

　食べたものをすべてメモするルールを設ければ、記録することが面倒だから、摂食すればメモする作業が減ると感じて摂食を心掛け、ダイエットに成功するのです。なぜなら、脳はやりた

第2章 計画する技術

くないことを回避する機能を持っているからです。

　これは勉強する気になれない気持ちにも活用できます。スケジュール通りに勉強が進行しなかったときは、必ず、実行できなかった理由を、こと細かに記入する習慣を付けてください。

　なお、負の強化とは別問題ですが、記録するパワーは侮れません。たとえば、毎日、朝昼晩3回体重を10g単位まで記入する「書くだけダイエット」を行うと、脳は、ゲーム感覚でなんとしても体重を減らそうとして運動に励んだり、小食を励行できたり、体重を減らす行動に出る指示をしてくれるのです。

勉強できなかった理由を書くことそのものが苦痛になり、勉強するようになる

COLUMN02

やる気は赤い服を着るだけで高まる

　アドレナリンという神経化学物質は、勉強のやる気と大きな関係があります。アドレナリンは副腎皮質から分泌され、身体を活性化してくれます。では、アドレナリンを効率良く分泌させてやる気を高める「特効薬」はないのでしょうか？

　アドレナリンの分泌を活発にするには、**赤い色を見たり、意識すること**です。ですから、赤い服を身に付ける（下着や靴下でも）だけでやる気が高まるのです。偉大なプロゴルファー、タイガー・ウッズも、最終日には必ず赤いシャツを着る習慣を身に付けています。アメリカの大学生を被験者にした心理学の実験でも、壁を赤で塗りつぶした部屋で作業するほうが、他の色で壁を塗りつぶした部屋で作業するよりも、明らかに作業効率が高まったことが判明しています。

　テスト本番の日だけでなく、徹夜で勉強しなければならない日や、体調が悪いのに自分を奮い立たせて机に向かわなければならないときは、1点でいいから赤い服を身に付けてみましょう。やる気が自然に高まる自分に気付くはずです。

　反対に、興奮しすぎるときには、緑か青の服を身に付けましょう。緑や青は気持ちを鎮めてくれるからです。また、**創造性を発揮したいときには、緑や青を意識すること**が大切です。ビル・ゲイツは青色や緑色が大好きであるという事実は有名ですし、マイクロソフト社の研究開発部門では、社員の部屋の壁は青色や緑色で塗りつぶされているそうです（しかも個室）。日常生活の中で色を意識して、それをうまく取り入れることは、勉強の効率を高めてくれるのです。

第3章
理解力を高める技術

3-1 「学習の転移」を活用する ……………………………… p.48
3-2 「時間制限法」で速読する ……………………………… p.50
3-3 「集中学習」と「分散学習」を知る ……………………… p.52
3-4 ものごとの本質を見極める推論力を身に付ける ……… p.54
3-5 「PDCAサイクル」で上昇スパイラルに乗る …………… p.56
3-6 「SWOT分析」で自分を客観的に観る ………………… p.58

3-1 「学習の転移」を活用する

　理解力を高める工夫をすれば、効率良く学習できます。その典型例は語学です。もしも、あなたが英語を学習して一定のレベルの実力を身に付けるまで、1000時間の学習を要したとします。では、次にフランス語を覚えるとき、やはり1000時間が必要でしょうか？　そんなことはありません。

　理解した英文法の本質はフランス語にも応用できるわけですから、たとえば、500時間で英語と同じレベルまで到達できるのです。そして、次にドイツ語をマスターしようとしたら、おそらく300時間程度で十分なのです。

　このように、**理解力が高まれば学習時間を着実に短縮**してくれます。脳は本来、応用するスキルを保持しているわけですから、類似のテーマを学習すれば、着実に学習速度を加速させてくれるのです。

　もちろん、これはスポーツ学習においても通用します。ソフトボールをマスターしたとしても、水泳の上達にはあまり関係ないかもしれませんが、野球をマスターするのにかかる時間は、確実に短縮できます。

　まず、得意分野の勉強をして、徹底的に深く掘り進みましょう。これは苦手な分野ではなかなかできないことです。まず、**得意分野をマスターしておけば、似通った異分野の理解度は驚くほど高まる**のです。

　単純に丸暗記するだけでなく、理解力を高めて、法則性や類似点をしっかりと把握することが、脳の持つ応用力を刺激して、学習時間を短縮してくれるのです。

 第3章 理解力を高める技術

　もちろん、得意分野の書籍を読み漁ることも大切です。そうすれば、あまり馴染みのない異分野の理解力も高まります。専門的には、この現象を学習の転移と呼んでいます。脳はこのことに長けた臓器です。勉強のできる人はこの便利な機能を目いっぱい活用しているのです。もっといえば、より専門的かつ高度なスキルほど、学習の転移が働いて、学習の速度が飛躍的に高まるのです。

　あなたの最も得意としている分野は何ですか？　そしてその得意な分野に近い領域は何でしょう？　このことについて真剣に考えてみましょう。そうすれば、あなたは一層効率良く学習できるようになるのです。

語学が堪能な人は、学習の転移をじょうずに利用していることが多い

「時間制限法」で速読する

　私は、仕事柄たくさん本を読みます。ネット書店で購入する本だけでも月平均10冊はくだりません。書店でも、行ったときの1回あたりの購入額は、新刊本や雑誌を中心に、すぐ1万円を超えてしまいます。購入する本のうち、内容を確認してから買う本は必ず書店で購入しますが、お目当ての本がインターネット上で見つかったら、迷わずネット書店で購入します。ですから、年間に購入する本にかける費用は、雑誌も含めて30万円はくだりません。

　理解力を高める上で、読書は避けて通れません。また、本を読む作業は、私の仕事であり、**本を執筆するという出力作業のために不可欠な入力作業**なのです。私は、週単位で読書のノルマを自分に課しています。1週間に最低でも5冊以上、年間で少なくとも250冊が私のノルマです。このノルマをこなすために、私は長年の読書で身に付けた自分なりの速読術を実践しています。

　これはあくまでも個人的な考えなのですが、巷に出回っている速読本を私はあまり信用していません。そんな本の中には「1冊を5分で読み切る秘訣」「1秒に1ページのペースで読んでいく極意」といった魔法のような言葉が並んでいます。しかし、そんな神業（？）が身に付いたとしても、果たしてどれほどその本の内容を理解しているかというと、疑問を抱かざるを得ません。

　そんな神業を身に付けることよりも、私自身が長年実践している**時間制限法**を活用した読書術をお勧めします。これは、**あらかじめ時間を設定して本を読む方法**です。たとえば、読書時間を比較的しっかり確保できる週末を活用して、文庫本なら1時間で読み切ると宣言して読み始めましょう。

第3章 理解力を高める技術

　200ページの本なら、1ページを15〜20秒の速度で読み進めばいいのです。**脳に読み切る時刻を教えてやれば、見事に時間内に読み切ることができる**自分に気付くはずです。そもそも、本の内容を100％理解する必要はありません。**70〜80％理解できたらいいという気軽な気持ちで読み進めればいいのです。**本のページにサーッと目を通す習慣をつければ、どこが重要でどこが重要でないかが即座にわかるようになります。

　この読書法を実践していくうちに、読む速度を変幻自在に変えながら、重要な部分はじっくりと、そしてそれほど大事でない部分はサラッと読み進む能力が身に付いていることを実感できるはずです。とにかく理屈抜きに、**斜め読みでいいからたくさん本を読む**。これこそ、理解力を高めて効率良く勉強する上で身に付けたい習慣です。

　なお、最近の調査では、1週間に数冊の本を読む人の比率は9.3％、週に1冊の本を読む人は12.5％、まったく本を読まない人が6.1％いるそうです。最も多いのは、1カ月に1冊の本を読む人で、18.9％ということです。この先、読書する人としない人の理解力の差はどんどん開いていくことでしょう。

本を読むときも制限時間を設けると集中できる

3-3 「集中学習」と「分散学習」を知る

　同じ時間だけ学習しても、その密度によって効果はまったく違ったものになります。一般的に、集中して一挙に学習することを**集中学習**、ある程度時間を分散させてコツコツ学習する形態を**分散学習**と呼んでいます。

　単語学習について、ある実験が行われています。この実験では、AとBの2つのグループに分けて、単語の組み合わせを記憶させました。総学習時間は同じです。

　まず、Aグループには、テスト前日に一気に詰め込む学習をしてもらいました。そして、Bグループには、テスト前の2日間、分散して学習してもらいました。

　結果はどうだったでしょうか？　**図5**に、それを示します。学習後、同じ日に行ったテストの結果、2つのグループの成績はほぼ同じでした。しかし、翌日に再テストをしたところ、分散学習をしたBグループのほうが、成績は明らかに良かったのです。

　この実験から判明したのは、**詰め込み学習は忘れやすいという事実**でした。つまり、結論はこうです。一夜漬けに代表されるような集中学習は、一気に記憶する反動として記憶が不安定なのです。このことから予想されるのは、集中学習は短期記憶としては記憶されるけれども、長期記憶に移行しにくいということです。

　結局、毎日コツコツ勉強する人のほうが、明らかに豊富な知識を身に付けられるのです。もちろん、長期間にわたって勉強を強いられる受験や、弁護士、公認会計士に代表される資格試験においても、分散学習のほうが有効であることはいうまでもありません。

第3章 理解力を高める技術

図5 「集中学習」と「分散学習」に関する実験結果

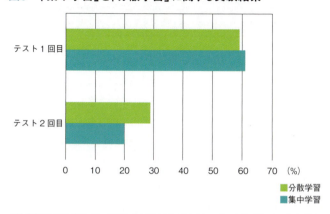

分散学習でも集中学習でも、記憶した直後はあまり変わらないが、時間が経つと、集中学習で記憶したものは忘れやすい。逆に、じっくりと覚えたものは比較的忘れにくい
出典：Leib Litman and Lila Davachi, "Distributed learning enhances relational memory consolidation", *LEARNING MEMORY*, 15, 2008, pp.711-716.

一夜漬けは翌日のテストには効果があるが、長く覚えていることはできない。出題範囲が狭い定期テストは一夜漬けでしのげても、総合力を試される本番の入試には対応できない

3-4 ものごとの本質を見極める推論力を身に付ける

　推論する習慣は、効率的な勉強を推し進める上で大きな味方になります。単に表層の知識を記憶するだけでは、効率的な勉強とはいえません。ここで推論の定義をしておきましょう。推論とは、**ある事実をもとにして、未知の事柄を推し量り、論じること**です。知識を頭の中に蓄えておくだけでは発展性がありません。その知識をもとに今後のトレンドを予測したり、やるべきことに優先順位を付ける作業に推論が求められるのです。

　直感を働かせて次のテストの出題予測をする習慣を付けましょう。テキストの出題範囲をまんべんなく勉強していたのでは、いくら時間があっても足りません。推論によって出題予測をして、A(重点的に勉強する必要がある)、B(勉強しておいたほうが良い)、C(無視して良い)の3段階に分類する作業は、効率的な勉強を推進してくれるだけでなく、あなたを合格に導いてくれます。

　もちろん、勉強以外にも普段から推理小説を読んだり、推理ドラマを観賞したりすることも推論の機会を増やしてくれます。それだけでなく、私は、株取引や競馬といった推論力を要することも、お小遣い程度でいいから気分転換を兼ねてやることをお勧めしています。さまざまなデータを収集して、それを頭に放り込み、上がる株やレースで勝利する馬を推理する。もちろん、お金をつぎ込まないですることも可能ですが、あえて身銭を切ってやることによって真剣さも増大するのです。

　特に中高年の方々は、勉強の効率化だけでなく、認知症の予防にもこれらの作業は貢献してくれるはずです。株取引や競馬をほどよく行うことは、推論力を高めて、勉強だけでなく脳の活性

第3章 理解力を高める技術

化にも貢献してくれるのです。

ほどほどの投資やギャンブルは、推論力を鍛える上で有効だ

「PDCAサイクル」で上昇スパイラルに乗る

PDCAサイクルを勉強に活用すると、理解力を深めることができます。ここで、簡単にPDCAサイクルについて触れておきましょう。これは、品質管理システムを構築したウォルター・シューハートとエドワーズ・デミングらが提唱したシステムです。PDCAサイクルという名称は、サイクルを構成する右ページの4つのステップの頭文字をつなげたものです(図6)。

この4つのステップを順次行って1周したら、最後のActを次のPDCAサイクルにつなげ、螺旋を描くように1周ごとにサイクルを向上させて、継続的に行動改善を実現していきます。これは勉強にも応用できます。自分の最大の武器を洗練させることはもちろんですが、最大の欠点に目を向けて、その弱点を克服することが大事なのです。

2014年におけるテニスの錦織圭選手の大活躍を支えた要因は、彼に致命的な欠点が見あたらないことにあると、私は考えています。いくら彼のストロークが素晴らしくても、致命的な欠陥があれば、相手はそこを狙って突いてくるからです。

いくら相手に攻めたてられても、錦織選手は粘り強く返球してチャンスボールを待ちます。そして、甘いボールを相手が返球したら、それを見逃すことなく、すかさずエースで決めるのです。欠点がどこにも見あたらない錦織選手を攻めあぐねた相手は、根負けして結局、白旗を上げざるを得ないのです。

これはまったく勉強にもあてはまります。テストに合格するためには、武器を磨くことはもちろん、欠点をなくす戦略が求められるのです。

第3章 理解力を高める技術

　PDCAサイクルは主に欠点を発見・改善する上で役に立ちます。今以上に欠点に意識を向けてください。間違ったり、解けなかったりした問題は、必ず復習して、なぜ間違えたのか、どうすれば間違えなかったのかを正確に把握して、二度と同じミスをしない準備をしましょう。これがあなたの理解力を深めてくれるのです。

　PDCAサイクルは、問題点を抽出して、それを改善するためのものです。あなたの弱点を徹底的に矯正する上での問題点をクリアにして、理解力を深める役割をこのサイクルは担っています。最大の武器に磨きをかけながら、同時に欠点をなくす努力を持続することで、上昇のスパイラルに乗れるのです。

図6　PDCAサイクル

1	Plan（計画）	従来の実績や将来の予測などをもとにして計画を作成する。
2	Do（実施・実行）	計画に沿って作業を実行する。
3	Check（点検・評価）	行動の実施が計画に沿っているかどうかを確認する。
4	Act（処置・改善）	実施が計画に沿っていない部分を調べて処置をする。

PDCAサイクルでは、最後のAが特に大事。ここがうまくいくと螺旋階段を昇るように上達していくからだ

3-6 「SWOT分析」で自分を客観的に観る

　理解力を深める上でSWOT分析は大きな味方です。ここでいうSWOTとは、S:Strength（強み）、W:Weakness（弱み）、O:Opportunity（機会）、T:Threat（脅威）の頭文字を取ったものです。

　スタンフォード研究所のアルバート・ハンフリーが発案したこの分析法は、自分にとっての強みと弱みという内部要因を客観視するとともに、**自分にチャンスとピンチを引き起こす外部要因について点検する**ことを可能にします。

　たとえば、「3カ月後、英検1級に合格する」という目標を実現するためのSWOT分析について考えてみましょう。やり方は簡単です。図7のように「強み」「弱み」「機会」「脅威」を4分割して、4つのセクションに分けます。

　最初に、外部要因の2要素である「機会」と「脅威」から記入していきましょう。「昇進試験で英語力の比重は着実に高くなっている」「自分の業務で英語を使う頻度は着実に高まっている」は機会であり、「英語のできるスタッフの中途採用が増えている」「自分が希望する海外勤務の社内での競争率は着実に高まっている」は脅威です。

　そして次は「強み」と「弱み」という内部要因のピックアップです。まず、強みは「自分は英語学習が大好きである」とか「自分は英語が得意である」です。一方、弱みは「仕事が忙しすぎて英語学習に十分時間が割けない」とか、「英語学習を本格的にやるとお金がかかる」という事実です。

　SWOT分析によりポジティブとネガティブの要因を抽出したら、次は**クロスSWOT分析**をしてみましょう。これは図8のように4

第3章 理解力を高める技術

つの質問に答えるというものです。「強みを活かして機会を獲得するには？」「強みを活かして脅威を最小限に抑えるには？」「弱みを補強して機会を活用するには？」「弱みから最悪の状況を回避するには？」という4つの質問に答えていくのです。

この用紙をコピーしてSWOT分析を行うことで、勉強に対する理解力は自然に深まり、結果的にあなたの学習法は洗練され、高い確率で目標を達成できるようになるのです。

図7　SWOT分析用紙

	プラス面	マイナス面
内部要因	あなたの強みは何ですか？ （Strength）	あなたの弱みは何ですか？ （Weakness）
	・自分は英語学習が大好きである	・仕事が忙しすぎて英語学習に十分時間が割けない ・英語学習を本格的にやるとお金がかかる
外部要因	あなたに与えられている機会は何ですか？ （Opportunity）	あなたが抱いている脅威は何ですか？ （Threat）
	・昇進試験で英語力の比重は着実に高くなっている ・自分の業務で英語を使う頻度は着実に高まっている	・英語のできるスタッフの中途採用が増えている ・自分が希望する海外勤務の社内での競争率は着実に高まっている

図8　クロスSWOT分析用紙

強み×機会	強みを活かして機会を獲得するには？	英語の学習を進めて能力を高め、難易度の高い業務を推進し、昇進を狙う
強み×脅威	強みを活かして脅威を最小限に抑えるには？	英語の学習を進めて能力を高め、ライバルに負けないようにしつつ、転職も視野に入れる
弱み×機会	弱みを補強して機会を活用するには？	すき間時間や低価格のスマートフォンアプリを活用して効率的に勉強し、チャンスを逃さず、業務も完遂する
弱み×脅威	弱みから最悪の状況を回避するには？	最も人気がある海外勤務の部署は避け、英語以外の競争力も身に付ける

そもそもSWOT分析は、企業が経営戦略を決めるときに用いられる分析手法として発案された

COLUMN03

言い訳を徹底的に排除しよう

　試験の成績が芳しくなかったとき、決して周囲の人たちに「私の頭が悪いのは、親の遺伝だ！」とか「体調が悪かったから勉強時間を確保できなかった」といった言い訳を口に出してはいけません。たとえくやしくても、ポジティブな言葉を吐く習慣を身に付けましょう。

　テキサス大学（米国）の心理学者、T・リスカ博士は、体育学部の学生189名にランニングをさせました。すると、はじめる前に「今日は体調が悪い」とか「いま集中できない」といったネガティブな言い訳をしている学生ほど、成績が悪かったと報告しています。

　また、**主体性のない人間は、勝ち組に仲間入りできない**という事実も判明しています。フロリダ州立大学（米国）のP・ペレーウィ博士は、110名の学生にラジオの組み立て作業をさせました。すべての学生がこの作業をはじめて行ったことは言うまでもありません。作業は、最後まで黙々とやり続ける学生と、途中で投げ出す学生に分かれましたが、博士は**最後までやり続ける学生の共通点**をさまざまな角度から分析しました。その結果、彼らは、**自分の人生は自分で切り拓くという主体性を持っていることが判明**したのです。博士は、「主体性のある人間は途中で投げ出すことが大嫌いなので、最後まで頑張れる」と主張しています。

　だれかと一緒に食事をするとき、注文するメニューを他の人に合わせるのではなく、自分の食べたいメニューをオーダーしたり、先生や上司の指示を安易に受け入れずに、自分の考え方をしっかりと主張するのが重要なのです。

第4章
論理的思考力を高める技術

4-1	「三角ロジック」で論理的に思考する	p.62
4-2	「帰納法」と「演繹法」を自在に使い分ける	p.66
4-3	「マトリクス分析」でやるべきことを明確にする	p.68
4-4	「メタ認知力」を高める	p.70
4-5	正しいブレイン・ストーミングを知る	p.72

「三角ロジック」で論理的に思考する

　日本では、受験勉強に象徴されるテストのほとんどが、記憶力を駆使して、脳に叩き込んだ知識の多さを競うものでした。しかし今や着実に、論理的思考を求める問題が増えています。

　実は勉強のできる優等生は、論理的思考を駆使して効率的な勉強をしている人が多いのです。つまり、論理的思考をマスターすれば、効率的な勉強が可能になるのです。

　前述しましたが、誰でも午前0時になれば24時間が与えられます。もしもあなたが「物理的に勉強時間を増やせば勉強ができるようになる」と考えているなら、その考えを潔く葬り去るべきです。同じ時間だけ勉強するなら、徹底して論理的思考のスキルを高めて、効率的な勉強法を身に付けましょう。

●データ＋理由付け→主張

　論理的思考のスキルを高める上で、三角ロジックは欠かせません。三角ロジックを形成する3つの要素は「主張」「データ」「理由付け」です（図9）。

　自分だけでなく、相手の考えを整理するときも、この3つの要素に従って整理するとわかりやすくなります。それでは、この3つの要素を順に説明していきましょう。

●主張

話の結論、推論、意見などを指します。もちろん、相手を説得するときに大切な提案も、主張の中に含まれることはいうまでもありません。

第4章 論理的思考力を高める技術

図9　三角ロジック

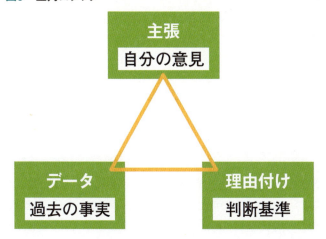

自分の主張はデータと理由付けで支える

図10　三角ロジックの例

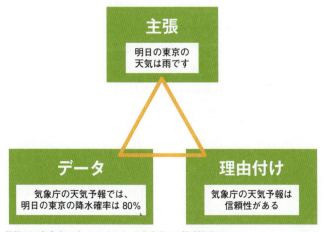

信頼できる気象庁のデータだからこそ、天気予報には信憑性がある

● **データ**
主張を裏付ける客観的な事実です。ここに自分の考えを入れてはいけません。

● **理由付け**
法則、原理原則、常識といった、データを裏付ける、一般に認められているものを指します。

　三角ロジックでは、データと理由付けをもとに、主張や意見を構築します。たとえば、図10のように、「気象庁の天気予報によると、明日の東京の降水確率は80％である」というデータと「気象庁の天気予報は信頼性がある」という理由付けにより、「明日の東京の天気は雨です」という主張を構築できるのです。

　三角ロジックを理解できたら、データと理由付けをもとに正しい主張を構築でき、試験における論述問題で高得点が期待できます。データがともなわない主張は説得性に欠けますし、理由付けを無視した主張も、採点者には受け入れてもらえません。

　もしもあなたの主張にデータが盛り込まれていないと、相手に「なぜそういう主張になるのですか？」と疑問を持たれてしまいます。あるいは、主張に理由付けがないと、「どうしてそんな結論になるのですか？」と反撃されてしまいます。常に自分の主張は相手の抱く「なぜ？」と「どうして？」という２つの要素を満たしているかについて、徹底的に考える習慣を付けましょう。

　もちろん、論述問題においても、まず「データ」と「理由付け」について論述し、その上で、その論拠にもとづいた主張を展開すればいいのです。それでは次項から「データ」と「理由付け」を主張に結びつける２つの手法を学んでいきましょう。

第4章 論理的思考力を高める技術

●悪い例

●良い例

普段から、ちょっとしたことでも三角ロジックを使って主張すると良い練習になる

4-2 「帰納法」と「演繹法」を自在に使い分ける

　自分の主張に相手の気持ちを導く2つの手法が、**帰納法**と**演繹法**です。

　まず、帰納法は、**個々の事実をもとにして、その根拠に従って結論（主張）を導く手法**です。つまり、三角ロジックで説明すると、「データ」→「理由付け」→「主張」という経路を取ります（図11）。たとえば、犯人捜査であらゆる角度から証拠（データ）を洗い出し、その証拠をもとに、刑事の過去の知識や経験に従って結論を導くのが典型例です。帰納法の欠点は、最初に「データありき」のため、領域が拡散して、理由付けにエネルギーが必要なことです。何も考えない経験の浅いメンバーには取り組みやすいけれど、要したエネルギーの割に実りの少ないこともあります。

　一方、演繹法は、**まず理由付けを作成し、それを裏付けるデータで補強して主張に導いていく手法**です。つまり三角ロジックにおいて、「理由付け」→「データ」→「主張」という経路を取ります（図12）。たとえば、会社を買収するときに、「売上高100億円以上、経常利益20億円以上、自社と似通った業界」という理由付けから入ります。そしてそれに適合する会社を洗い出して、最終的に買収する会社を決定する手法が演繹法です。

　演繹法は、**まず理由付けにより徹底した絞り込みが優先されるため、とても効率的な手法**です。同じ捜査でも、人気テレビドラマの主人公「古畑任三郎」は、常に演繹法によって犯人をまず1人に絞り込み、それを裏付けるデータを探る典型的な演繹法をとるから名探偵なのです。経験あふれるビジネス・パーソンが行う手法といえるでしょう。ただし、思い込みなどにより最初の理

第4章　論理的思考力を高める技術

由付けで間違えると、主張も間違っている可能性が高いです。

それはともかく、この2つの手法をうまく活用することにより、論述式のテストに備えることができるのです。

図11　帰納法

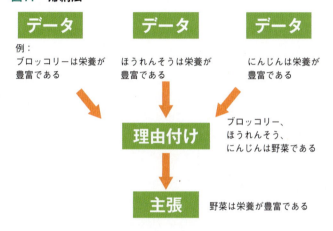

図12　演繹法

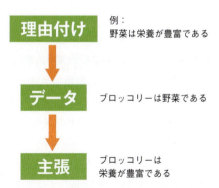

帰納法と演繹法はそれぞれの出発点が、それぞれの結論になっている。場合によって使い分ければいい

4-3 「マトリクス分析」でやるべきことを明確にする

マトリクス分析は、アイデアを明確にするために威力を発揮する手法です。マトリクスとは座標軸のことで、縦軸と横軸を作成して、それぞれ項目を2つ決め、4つの項目をリストアップします。この手法は、特に経済分野で多用されているものなのですが、勉強においても十分に活用することができます。

たとえば、マトリクス分析を「ベルナルド・ワイナーの原因帰属理論」にあてはめて考えてみましょう。高名な心理学者ワイナー博士は、ある課題を達成するときの成功と失敗の原因を4つの要素に分類しました。それらは、統制の位置(内的な要素と外的な要素)と安定性(固定的要因と変動的要因)です。それらは「努力」「運」「能力」「課題の難易度」の4要素に分類できます(図13)。

もし、失敗したとき、「運」や「能力」のせいにしても何も解決しません。なぜなら、それらは自分ではほとんどコントロールできない要素なので、過剰に反応しても仕方がないからです。しかし、自分でほとんど100%コントロールできる「努力」と「課題の難易度」に特化して頑張れば、次の機会にうまくいく確率は高まります。ちなみに、私の2015年度の勉強の方針は、横軸に専門分野の勉強と非専門分野の勉強、縦軸に記憶タイプと論述タイプの4領域に分類しています。

このように、2つの要素の相反する2組の項目を書き出してみると、勉強の方向性が明らかになるのです(図14)。なお、このときエクセルなどの表計算ソフトは、大量の情報を処理して整理したり、縦軸と横軸に意味を持たせて情報を整理したりするときに活用できます。

第4章 論理的思考力を高める技術

図13 マトリクス分析の例

		安定性	
		変動する	変動しない
統制の位置	外的	運	課題の難易度
	内的	努力	能力

ベルナルド・ワイナーの原因帰属理論をマトリクス分析したところ。失敗しても、次に自分でコントロールできる「努力」と「課題の難易度」に注力すれば成功の可能性は高まる

図14 勉強についてのマトリクス分析の例

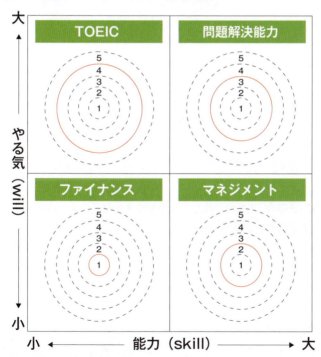

たとえば勉強すべき項目を4つ書き出して、それぞれのマスに割り当てると、どれにどのくらい注力すればいいか、視覚的にわかりやすくなる

69

4-4 「メタ認知力」を高める

　論理的な思考を推進する上で、メタ認知力を避けては通れません。メタ認知力とは、ひと言で表現すると、考えることについて考える行為のことです（図15）。メタ（meta-）とは「高次」という意味の接頭語であり、他者から見た自分を考える能力です。

　たとえば、「自分は英語が得意ではない」というのは単なる思考ですが、これをメタ認知的な思考に変換すると、「自分は勉強していないから英語が得意でないだけで、勉強すれば良い点を取れる」となります。

　もう少し具体的に表現すると、以下のようになります。

- 学習するときに、自分の得手不得手を考えながら勉強する
- 学習方法を少なくとも3つ考えて、その中で最も効率的な学習法を選択する
- 学習するときには、テスト当日から逆算して、綿密に計画を立てて実行する
- 学習のテーマを洗い出して優先順位を付けてから、学習時間の割り振りをする

　メタ認知は、メタ認知的知識とメタ認知的技能に分類できます。それらは以下の通りです。

①メタ認知的知識
認知作用の状態を判断するために蓄えられた、課題や計画についての知識

② メタ認知的技能

メタ認知的知識に照らして認知作用を直接的に調整する、自己モニタリングにもとづいて自己評価する技能

　認知能力に優れている人は、当然テストの成績の良い人が多いのですが、同じ知識を持っていても、メタ認知力の低い人はうっかりミスが多く、思いのほか成績がふるわないことも多いのです。

図15　メタ認知とは?

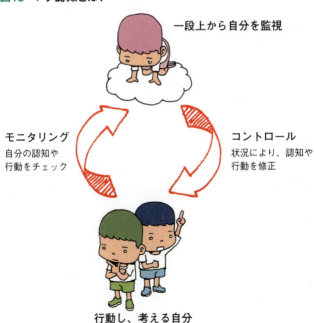

自分を客観的に見ることで冷静な判断ができるようになる

4-5 正しいブレイン・ストーミングを知る

　論理的思考力を高めるために、正しいブレイン・ストーミングの方法を知っておきましょう。ブレイン・ストーミングの目的は、**脳を精一杯解放して自由奔放にアイデアを出力すること**にあります。以下に主なルールを示します。

　最初のルールは、**常識を打ち破る**ことです。脳の中に存在するノウハウや知識を核にして、できるだけ破天荒なアイデアを出力してください。2つ目のルールは、とにかく**量を出す**こと。質を高めることを考えていたら、量は稼げません。最初はつまらないアイデアだと思っても、それをしばらく寝かせておけば、そこから新たな発想を生み出せることもあるのです。

　3つ目のルールは、**出たアイデアの批判を決してしない**こと。4つ目のルールは、**時間制限**をすること。たとえば、「売れるスマートフォンのアプリ」というテーマでアイデアを出すときは、1つのテーマにつき、制限時間5分以内といった時間設定をしましょう。

　アイデアは最初にたくさん湧き出てくる傾向があります。時間が経過するにつれ、どんどん論理脳が優勢になるため、斬新なアイデアが生まれにくいのです。もちろん、**1人ブレイン・ストーミング**もお勧めです。

　ドイツの経営コンサルタント、ホリゲルが開発した**635法**は論理的思考力を鍛えてくれます。635法とは、**6人が3つずつのアイデアを5分間で考える**という意味です。まず、最大6人の人が円卓を囲み、日付、場所、そしてテーマを書き出します。たとえば、「来年のセンター試験の傾向について」というテーマで、アイデアを出し合うわけです。そしていちばん上の1の欄のABCに、

第4章 論理的思考力を高める技術

やり方を間違えると、効果的なブレストにならない

3つのアイデアを、5分かけて出します（図16）。

5分経過したら、自分の用紙を順次時計回りに次の人に回します。他人のアイデアを参考にしながら自由奔放に発想できるところがこの発想法の特徴です。通常のブレイン・ストーミングのように他人に遠慮することがないため、斬新なアイデアが出てくるのです。この用紙を活用して1人でアイデアを出すこともできます。起床後、5分間かけて3つのアイデアを出します。それ以降3時間おきに、やはり5分間かけて2の欄に3つアイデアを出し、その日のうちに6回で計18個のアイデアを出すのです。

他人の目を気にすることなく自分の意見を出せるのがメリット。この場合、18個×6人で108個のアイデアが生まれる

第4章 論理的思考力を高める技術

図16 635法アイデア用紙

日付　20　年　月　日

場所 _____

テーマ _____

	A	B	C
1			
2			
3			
4			
5			
6			

マス目は、参加人数や出すアイデアの数によって変えれば良い

COLUMN04

「ヤコブソン・トレーニング」で気持ちをリフレッシュ！

　休息時に気持ちをリフレッシュさせる効果的なリラクゼーション・トレーニングを紹介しましょう。**ヤコブソン・トレーニング**です。ハーバード大学（米国）の心理学者、エドモンド・ヤコブソン博士は、**心理的緊張と筋肉の緊張の相関関係**について研究し、多くの貴重な事実を見出しました。人は不安を感じたとき、筋肉も呼応して緊張します。逆に筋肉の緊張をほぐせば、精神的な不安も減少します。ヤコブソン・トレーニングで筋肉の緊張と弛緩を繰り返すと、筋肉の状態の違いを感知できる上、気持ちまでリフレッシュできるのです。やり方は以下の通りです。

① 　静かな環境で、背もたれの付いた椅子に座ります。

② 　ゆったりと深呼吸しながら両目を閉じ、両腕を真っすぐ前に伸ばして拳を握ります。指と手にできるだけ力を込めて握っていきます。「1、2、3、4、……」と10まで数を数えながら約10秒間筋肉を緊張させた後、10秒かけて脱力して、両腕をダラッと大腿部に降ろします。これを3回繰り返します。

③ 　次に両肩を持ち上げ、顔を思い切りしかめて力を入れ、「1、2、3、4、……」と10まで数を数えながら、10秒間筋肉を緊張させた後、10秒かけて脱力します。これも3回繰り返します。

④ 　次に両足を伸ばし、足全体に力を込めて緊張させ、「1、2、3、4、……」と10まで数を数えながら、10秒間筋肉を緊張させ、その後10秒かけて脱力します。これも3回繰り返します。この要領で、両腕→肩と、顔→両足の順番で、3回繰り返します。

　このヤコブソン・トレーニングを、勉強の合間に10分かけて繰り返すと、勉強の能率がアップすることに気が付くはずです。

第5章
学習速度を劇的に上げる技術

5-1	「ぎこちない感覚」で脳を活性化させる	p.78
5-2	脳梁が発達している人は頭の回転が速い	p.80
5-3	左脳と右脳を連動させる	p.82
5-4	指組みと腕組みで利き脳を見極める	p.84
5-5	空間認知能力を高めて右脳を活性化する	p.86
5-6	「ビジョン・トレーニング」で情報処理速度を速める	p.88
5-7	加速学習の「肝」を理解する	p.92
5-8	総合点を争う試験では苦手な科目を克服する	p.94
5-9	過去問題集で8割をものにする	p.96
5-10	膨大な情報を処理する右脳を鍛える	p.98
5-11	効果的な勉強方法はダイエットからも学べる	p.100
5-12	勉強を加速する環境に身を置く	p.102

5-1 「ぎこちない感覚」で脳を活性化させる

　勉強の効率化を図るうえで考慮すべきは、左脳と右脳をバランス良くすることです。脳と身体は交差しており、左半身は右脳が、右半身は左脳がコントロールしています。日本人の9割は右利きなので、右利きの人は左脳が活性化している可能性が高くなります。これは、**左脳を優先的に使用しているため、右脳の活性化が不足している**ということです。

　実は、天才にはある共通点があります。天才の多くが**両利き**であったという事実です。たとえば、世紀の天才として名高いレオナルド・ダ・ヴィンチは、両手で後世に残る名画を描いたことで知られています。相対性理論の生みの親であるアルバート・アインシュタインも両利きです。

　彼は、普通の人よりも右脳と左脳のコミュニケーションを活発にできたから、偉大な相対性理論を生み出せたともいわれています。右脳を活性化させて「光速で飛ぶ宇宙船に乗ったイメージ」をリアルに働かせながら、同時に左脳でその方程式を考えることができたのです。これは勉強でもまったく同様のことがいえます。

　多くの問題は、右脳を働かせ、絵で考えることで高速に解けます。同時に、文字や数字に変換して答案用紙に記入するには表現力が必要で、これを主導する左脳の作業も求められるのです。

　では、両脳使いになるためには、具体的にどうすれば良いのでしょう？　右利きであれば、左半身のトレーニングが不足しています。脳の活性化を図りたければ、普段使い慣れていない反対の手を使い、その**ぎこちない感覚**を楽しんでください。脳内で使われていない領域を活性化させるには、利き手でないほうの手を

積極的に使うのが、最も効果的な方法の1つなのです。

図17 動作の難易度による右利き頻度の違い

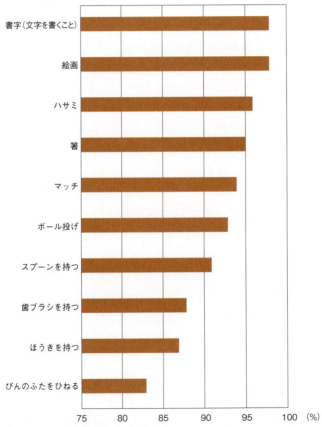

グラフは20〜21歳の男性のデータ。文字を書くという動作は難易度が高いので、ほとんどの人が利き腕を使うが、難易度の低い動作では左手も使っている

5-2 脳梁が発達している人は頭の回転が速い

前項で述べたアインシュタインのように、右脳と左脳の間の頻繁なコミュニケーションは、勉強の効率化を促してくれます。そのためには、左右の大脳新皮質を結んでいる神経の束、脳梁について触れておかなければなりません。

脳梁は、左脳と右脳の橋渡しの役割、つまり左右の大脳新皮質が情報を交換するという役割を果たしています。ですから、脳梁の神経繊維の束が太ければ太いほど、その情報交換能力は優れているといえます。

事実、脳梁の発達した左右差の少ない脳を持つ人の創造性は、そうでない人たちよりも優れているという学者の研究結果も出ています。たとえば、1-5で紹介している、ハーバード大学(米国)の心理学者、ハワード・ガードナー博士は、「左右差の少ない脳を持つ人は、イメージしたり、計画を立てたりする能力が優れている」と述べています。あるいは、オークランド大学(ニュージーランド)のマイケル・コーバリス博士は、「脳の左右差の少ない人は、創造力があって、多分、空間を把握する能力にも優れている」と述べています。

つまり、脳は脳梁を通して左脳と右脳を補完的に機能させることにより、より高次な機能を発揮したり、独創性のあるアイデアを出力したりしてくれるはずなのです。アインシュタインは左利きの仲間に入れられていますが、実は、彼の脳半球間の左右差は、並外れて少なかったといわれています。

カナダのL・ギャロウェイの研究では、図18に示すように、文法のような言語的機能は左脳が処理し、表情の認知、仕草、音

色のモニターのようなコミュニケーション機能は右脳が処理するとしています。左半球の言語的機能で文法を駆使し、右半球のコミュニケーション機能で相手の表情や仕草を認知し、両者を融合しています。このことからも、大脳半球の両側を駆使して学習することの重要性がわかります。

図18　左脳と右脳を駆使して学習することの大切さを説いたギャロウェイのモデル

言語を用いたコミュニケーションでは、大脳の右半球と左半球の両方を駆使している

5-3 左脳と右脳を連動させる

　これからは、間違いなく全脳思考できる人が登用される時代になるでしょう。とはいえ、実は誰でも多かれ少なかれ、全脳思考をしています。多くの書籍で、さも右脳単独あるいは左脳単独で作業がなされるように書かれていますが、脳はそんなに単純ではありません。このことについては、神経心理学者である関西福祉科学大学の学長、八田武志博士が、こう疑問を投げかけています。

「現在の学校教育のゆがみ自体を否定するものではないが、現在学校で教えている数学や国語などの教科が左脳にだけ依存しているというような言い方は適切ではない。(中略)左脳と右脳のそれぞれが得意とする働きが相互に作用し、共同して一つの教科学習は成立すると考えるのが自然であろう」
八田武志／著『伸びる育つ子どもの脳』(労働経済社、1986年)

　要は、「左脳と右脳の得意な作業を適材適所で処理することで、学習が加速される」と八田博士はいいたいわけです。それを実現するためには、左脳と右脳の交信を活発にして脳梁を鍛えることにより、大脳半球全体を働かせることが大切です。いわゆる全脳思考を私が強調するのは、この点にあります。

　右足でしかボールを蹴れないサッカー選手と、両足のどちらでもボールを巧みに操れるサッカー選手のどちらが有利かといえば、明らかに後者でしょう。

　私自身、基本的には左利き(テニスもゴルフも)なのですが、文字を書いたり、お箸を持つのは右手です。幼いときに矯正を受

けたためです。これにより私は中学生のとき以来、右手に鉛筆、左手に消しゴムを持ち、教師の板書は両手を使いながらノートに書き写していました。右利きの人が消しゴムを使うとき、右手の鉛筆を机に置いて消しゴムに持ち替えて文字を消し、消し終わったらエンピツを持ち直して筆記を再開するという作業は、私にとってほとんど不可能でもどかしい、非効率的な作業に思えたのです。ところが、私にとっては至極あたり前だったこの作業は、右利きの人にはとても不思議だったようです。

　普段使っている身体の利き側だけで作業するのではなく、意識的に利き側でない側を活用してください。そういう習慣を身に付けることで、あなたの脳は劇的に活性化するのです。なお、図19には、左脳型行動と右脳型行動の代表例を示しています。

図19　左脳型行動と右脳型行動

左脳型行動	右脳型行動
資格試験の勉強をする	絵を描く
携帯電話やパソコンでメールを書く	スポーツを楽しむ
本を読む	カメラで撮影する
おしゃべりをする	図鑑を観る
習字をする	食事を楽しむ
パソコンで検索する	旅行をする
レポートをまとめる	夢を見る
手紙を書く	草花を育てる

左脳と右脳の両方を使うようなバランスの良い生活が脳を活性化させる

5-4 指組みと腕組みで利き脳を見極める

さて、ここで利き脳について考えてみましょう。旧ソ連の著名な神経心理学者、アレクサンドル・ルリア博士は、指組みと腕組みに対応した利き脳について報告しています。彼は第二次世界大戦中、左脳に銃弾を受けて失語症になった兵士たちを観察して、「左親指、または左腕が上にくる兵士は、失語症になりにくく、また回復も早い」と報告しています。

これは、**利き脳が右脳の人の典型的特徴**なのです。利き脳研究の第一人者である京都大学名誉教授、坂野 登博士は、著書の中で指組み、腕組み(図20)と利き脳の関連性を示しています。

これによると、指組みは入力と総合のシステムに関係があり、腕組みは計画と出力のシステムに関係しているといい、左手の指や腕が上にくるのが右脳型、右手の指や腕が上にくるのが左脳型と定義しています。また、右脳は神経ネットワークがルーズ(拡散的)で、左脳は神経ネットワークがタイト(収れん的)という特徴も持っています。なお、指組みは大脳半球の後部を象徴し、腕組みは前頭前野が含まれている大脳半球の前部を象徴しているという違いがあります。さらに、画像は相対的に自由度が高いのですが、言語は自由度がないともいえます。

机に置きかえていえば、右脳型人間は散らかっていても気にしないが、左脳型人間はきちんと整理されていないと我慢できないということになります。私の場合、指組みは右上で、腕組みは左上です。つまり入力と総合のシステムは左脳型で、計画と出力のシステムは右脳型なのです。

図21は坂野博士が行なった実験の結果をまとめたものです。

創造性検査を言語流暢性と柔軟性で行ったところ、ルリア博士が提唱した理論に見事に合致したと述べています。

図20　指組みと腕組み

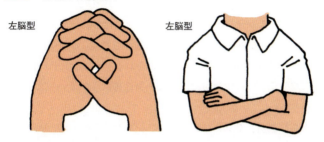

何気ない所作（しょさ）から自分や他人の利き脳を判断できる。なお、指組みと腕組みを意識的に変えたところで意味はない

図21　指組みと腕組みに対応した利き脳の型

| | 指組みのタイプ ||腕組みのタイプ||
	左上	右上	左上	右上
利き脳	右脳型	左脳型	右脳型	左脳型
利き脳の作動原理	ルーズ	タイト	ルーズ	タイト
認知スタイルの作動原理	男：自由な 女：非言語・知覚的	男：決定された 女：言語的	男：自由な 女：非言語・知覚的	男：決定された 女：言語的
対応部位	入力と総合のシステム		計画と出力のシステム	

左手や左腕が上にくる人は右脳型で、逆が左脳型という傾向がある
出典：坂野 登／著『しぐさでわかるあなたの利き脳』（日本実業出版社、1998年、一部改変）

5-5 空間認知能力を高めて右脳を活性化する

右脳の機能を高めたいのであれば空間認知能力を高めることです。空間認知能力とは、3次元空間にある物体の大きさや向き、形状などを正確に認知する能力です。この空間認知能力と深い関係にあるのがテストステロンという神経化学物質です。テストステロンは、女性よりも男性に多く分泌されることが知られています。空間認知能力を必要とするとされるパイロットや外科医といった職業には、圧倒的に女性より男性のほうが多いのは、このためといわれています。

さらに最近、テストステロンとやる気やバイタリティの関係が明らかになっています。ジョージア州立大学(米国)のジェイムズ・ダブス教授が、さまざまな職種の男性の唾液を採取して、テストステロンの量を分析し、興味深い事実を突き止めました。有能な弁護士やセールスマンのテストステロンの量は、そうでない弁護士やセールスマンの量よりも明らかに多かったのです。

またそれだけでなく、同一人物のテストステロンの量についても、興味深い結果が得られました。業績が上がったときはテストステロンの量が増加し、テストステロンの量が少ないときには成果が上がらなかったという事実です。つまり、テストステロンの量が多い人は、頭脳を高度に駆使する職種で業績を上げやすい可能性があるということが判明したのです。

ぜひ日常の習慣として、次ページの空間認知能力を高める行動を積極的に組み込んで、テストステロンの分泌量を増やしてください(図22)。それだけで右脳が活性化し、勉強の効率化やひらめきに大きく貢献してくれるのです。

第5章 学習速度を劇的に上げる技術

図22 空間認知能力を高める行動の例

① 球技を楽しむ

② 地図を持たずに見知らぬ街を歩く

③ キャッチボールをする

④ けん玉で遊ぶ

⑤ リフティングを楽しむ

⑥ お手玉の習慣を付ける

⑦ 車庫入れの達人を目指す

⑧ ダーツを楽しむ

上記の行動で、やる気の源であるテストステロンの分泌量を増やす

56 「ビジョン・トレーニング」で情報処理速度を速める

　勉強は時間との戦いです。そこで案外見落とされているのが、情報処理速度です。多くの人々が単に時間をかけたことによって「今日の勉強は充実していた！」と考えてしまいます。しかし、ちょっと待ってください。大切なのは勉強時間ではなく、**実質的な勉強の密度**なのです。

　勉強において**ビジョン・トレーニング**は過小評価されている要素の1つです。多分、あなたは情報処理速度において、持てる潜在能力のせいぜい20～30％しか発揮していません。なぜ情報処理速度が上がらないのか？　**脳の入り口である眼のトレーニングが不足しているから**です。ビジョン・トレーニングは、持続するのに根気が必要です。また、トレーニングに取り組んで、その効果が確認できるには少なくとも数週間、ときには数カ月かかります。これが途中で挫折する大きな要因です。

　そこでここでは、読書や勉強をしながら視機能を高めて読書速度を上げる方法を解説します。これなら、簡単に持続できます。まず、1冊の小説と、ストップウォッチを用意します。最初は、あなたの普段の読書速度で1ページ目を読んでみてください。そのとき、1ページを読み終わるのに要した時間をストップウォッチで計測します。次に、さきほどの読書時間を2～3割短縮するような速度で、人指し指の先端を文字のすぐ横を移動させながら、さっきよりも高速で読み進んでください。実際にストップウォッチで1ページを読み終える時間を計測します。

　すると、簡単に**読書速度が高まる**ことにあなたは気付くはずです。この方法で、簡単に2～3割読書時間を短縮できるのです。

第5章 学習速度を劇的に上げる技術

通勤電車の窓から外を眺め、外のようすやいろいろな看板の文字などに集中すれば、眼球を動かすトレーニングになる

● 電車の中でビジョン・トレーニング

　眼球を動かす筋肉を鍛えれば読書速度を高めるだけでなく、取り込む情報量を増やしてくれます。このトレーニングを日常生活の中に組み込んでください。たとえば、毎日の通勤電車の中でもビジョン・トレーニングはできます。電車の中から外を流れる看板の情報をただ読み取るだけで、眼球を動かす筋肉の立派なトレーニングになっているからです。

今度、電車に乗って座っているときに、目の前に立っている人が、何気なく外界の景色を目で追っているときの眼球の動きに注目してください。その人の眼球の動きを観察すると、眼が左右にせわしなく動き続けていることがわかるでしょう。私たちは無意識にそういう眼球運動をしているのです。

　もちろん、遠い情報よりも近い情報をキャッチするほうが、眼球の筋肉は眼球をより速く動かすことを強いられるため、好ましいトレーニングになります。

　あるいは、電車内の吊り広告の情報を、ちょうどカメラで撮影するように「バシャ」と一瞬で収集する習慣を付けることも情報処理速度を高める上で役立ちます。たとえば、1〜2秒間吊り広告を見た後、目をそらして、どのような情報が存在したか、自問自答するだけでいいのです。

「ファッション雑誌のモデルの髪形は？」
「新車広告のクルマは何色でどんな形？」
「不動産広告のマンションは何階建て？」

　答えた後、再びその吊り広告を見て、その答えが正しかったかどうかを確認しましょう。情報を取り込むとき、目を「カメラのレンズ」にして瞬時に情報を脳に取り込むという感覚で、情報を高速収集する習慣を身に付けると、雑誌や新聞の情報収集能力が飛躍的に高まることに気が付くはずです。

第5章 学習速度を劇的に上げる技術

電車の中吊り広告を、カメラで写真を撮るかのように眺めて瞬時に記憶するトレーニングを行えば、脳の情報処理速度を高められる

5-7 加速学習の「肝」を理解する

繰り返し強調していますが、勉強は時間との闘いです。限られた時間で効率的な勉強をすることこそ、夢を成就させる大きな要素です。

第6章で解説する徹底して集中力を高めることも大事ですが、ここでは加速学習法の肝について解説していきましょう。9-1でも解説しますが、脳という臓器にとっては本来、文字で学習するよりも画像で学習することのほうが自然です。文字を使いこなせるのは、いまだに人だけ。しかも、その歴史はせいぜい数千年ですから、人が直近に身に付けた能力といえます。

一方、人に限らず多くの動物は視覚で獲物を認識して、それを捕獲する能力を持っています。この能力にかけて人よりも優れている動物は、枚挙に暇がありません。

私たちは、文字をそのまま認識して物事を理解するのではなく、脳内でその文字を意味する画像に変換してから、その言葉の持つ意味を理解しています。つまり、文字よりも画像で理解するほうが脳の機能として自然であり、かつ効率的なのです。

ウィスコンシン大学(米国)の調査で、子どもたちが語彙を学ぶときに言葉に映像を組み合わせると、記憶の保持率が2倍に高まる事実が判明しました。たとえば、「automobile(自動車)」という英単語だけでなく、自動車の画像をその言葉と一緒に描くことにより、明らかに記憶が定着したのです。

フランシスコ・ザビエルや徳川家康は、歴史上の有名な人物ですが、あなたは、文字だけでなく、その肖像画でも記憶しているはずです。もしも肖像画がなかったとすれば、記憶に定着させる

のによりエネルギーが必要になったはずです。

　もちろん、試験で解答するのは画像ではなく文字なのですが、記憶するときの主役はあくまでも画像であり、言葉は脇役にすぎないということを肝に銘じてください。これこそ、脳科学に即した学習法なのです。最近は、辞書や参考書の多くが画像とともにDVD-ROM化されているので、文字と画像をセットで参照するようにしましょう。

単体では覚えにくい単語（句動詞）ほど効果的だ
参考：iKnow！「目標スコア別　TOEIC苦手英単語・熟語トップ20」(http://iknow.jp/)

5-8 総合点を争う試験では苦手な科目を克服する

マルコム・グラッドウェルは、自著『天才！ 成功できる人々の法則』（講談社、2009年）の中で、「1万時間そのテーマにのめり込めばその道の天才になれる」と主張しています。

ビジネス・パーソンの場合、1日10時間仕事をしているとすると、これは1000日にあたります。年間250日仕事をしているとすれば、4年間ただひたすら仕事にのめり込んでやっと、達人の域に達することができるのです。

勉強では、それだけの時間的余裕はありません。しかも総合点を争う受験勉強などの場合、1科目だけ飛び抜けた得点を獲得しても、合格は望めません。いかにして総合点を増やすか。これが勉強の大きな目的になります。

こと、資格試験や受験においては、得意課目だけでなく苦手課目にも時間を割くべきです。なぜなら苦手課目のほうが、総合点を増やす上で時間的効率が高いからです。

たとえば、ここに数学が得意で国語が苦手な人がいるとします。数学の平均点は100点満点で90点。一方、国語のほうは40点。この人は、どんなに勉強しても、数学の点数を10点以上上げるのは不可能です。一方、国語の伸びしろは60点もあります。実際、勉強次第で簡単に70点程度までは成績を上げられるでしょう。

受験勉強などのような場合は、自分の得意科目を伸ばすことよりも、苦手科目の克服が合格のカギです。総合点を争う資格試験や受験勉強では、1週間の勉強時間の中で不得意課目にたっぷり時間を割きましょう。大抵の場合、苦手な科目は、その科目の才能がないのではなく、単に好き嫌いが災いしているだけのこ

第5章 学習速度を劇的に上げる技術

とが多いのです。当然、その科目に割く時間が減るから成績が上がらないのです。

嫌いな科目を克服するには、たとえその勉強自体がおもしろくなくても、強烈な目標設定と達成感のイメージを強烈に描くことが大切です。これにより、苦手科目は克服できるのです。

いくつかの科目の総合点が問われ、それぞれ上限（満点）が決まっているような試験の場合は、現実問題として、苦手科目の得点を上げるように勉強するほうが合理的だ

過去問題集で8割をものにする

パレートの法則をご存じでしょうか？ イタリアの経済学者ヴィルフレド・パレートは、**80－20の法則**を提唱しました。パレートは、「社会現象は平均的に分散しているのではなく、偏りがあり、主要な20％が全体の80％に影響を及ぼしている」と主張したのです。たとえば、それらは以下のようなものです。

・商品の売上の8割は、2割の主要商品によって占められている
・車の故障の8割は、故障の多い2割の部品によって占められている
・離婚の8割は、離婚歴の多い2割の人によって占められている
・商品売上の8割は、全顧客の2割が生み出している
・仕事の成果の8割は、それに費やした2割の仕事時間で生み出されている

これを勉強にあてはめたらどうなるでしょうか？ 重要性の高い項目から優先順位を付けていき、上位2割の問題を徹底的に勉強すれば、8割の成果を得られるという見込みにたどり着きます。

つまり、過去問があるテスト（入試や資格試験など）においては、徹底した過去問の分析がとても重要であるということです。反対に、重要でない箇所の8割は全体成果の2割にしか貢献してくれないのです。つまり、**やみくもに勉強していては、いくら時間があっても足りない**のです。

過去問は、効率的な勉強を実現してくれる「バイブル」であり、**過去問の傾向と対策こそ、効率的な勉強の生命線**なのです。

第5章 学習速度を劇的に上げる技術

出題される試験問題を事前に知ることはできませんが、過去問の傾向と対策で、かなり精度の高いシミュレーションはできるのです。これは、どんな時代においても通用する王道です。

過去問を解く勉強方法は抜群に効率が良い。どんな試験でも過去問がある場合は、必ずそれを解いておく

膨大な情報を処理する右脳を鍛える

第1章でも述べたように、将棋の羽生善治棋士は、右脳で将棋をしています。日本医科大学の河野貴美子先生によると、羽生棋士は、右脳の視覚野が特に優勢だといいます。あるとき、羽生棋士は自分の指す手についてこう語っています。

「(私は)通常30〜40手先まで、つまり枝葉を入れて300〜400手を読みます」

羽生棋士は一手ごとに右脳を活用して、瞬時にパターン・ライクに、おびただしい数の手を取捨選択できる才能を持っているのです。300〜400手の中から、瞬時に最良の手を読むのは、文字思考の左脳ではまったく不可能であり、画像思考ができる右脳の独壇場です。

1枚の絵には、文字に換算すると数万語に相当する情報が含まれているといわれています。羽生棋士の脳内では、右脳の視覚野を目一杯働かせて、おびただしい数の手が行き交っているはずです。

将棋の局面の数は10^{220}、囲碁に到っては10^{360}もの局面があるといわれています。その各局面で最良の手を見出す能力は左脳にはなく、右脳の視覚野に仕事を委ねなければなりません。

これは勉強にもまったく通用します。参考書だけでなく、新聞や雑誌を読むとき、1行ずつ目を通して読んでいては、いくら時間があっても足りません。**紙面全体に目を通して右脳の視覚野を活用し、重要な見出しを瞬時に脳に探し出させることが重要**です。

第5章 学習速度を劇的に上げる技術

新聞の上手な読み方

① 紙面全体を見渡して映像的に認識

② 重要な見出しを探す

右脳の視覚野を活用することがポイントですよっ

膨大な情報量に見えても、まず全体を俯瞰して見ることが大切。辞書に載っている単語を、Aから覚えるようなマネはやめたほうがいい

5-11 効果的な勉強方法はダイエットからも学べる

ダイエットは勉強と良く似ています。食事制限のようにあまり楽しくない作業を延々と続けなければ、目標を達成できません。最初はうまくいってある程度体重を減らしても、ちょっと油断するとすぐにリバウンドして、ダイエットは失敗してしまいます。

実は、どんなダイエット法であれ、**最初の1～3週間に限れば、ほとんどの人が成功している**のです。しかし、必ず数週間～2カ月後に停滞が訪れます。この期間中に90％以上の人がダイエットをやめてしまうといいます。つまりダイエットの失敗というのは、「やせないこと」ではなく「続けられないこと」なのです。

勉強もダイエットと同じように、いくら短期間頑張ったところで、そのときは一時的に成績が上がるかもしれませんが、ちょっと油断するとすぐに逆戻りしてしまいます。勉強で成果をきっちりあげるには、**持続力**がなければならないのです。

そこで私は、ダイエット法の具体策にヒントを得て、勉強を持続させる方法を開発しました。

まず、週間累積勉強時間と月間累積勉強時間、最終的には年間累積勉強時間の目標を設定して、その目標を達成することを目指します。それだけでなく、自分の行った勉強の内容をできるだけ詳細に、**数字を交えて勉強ノート**(第9章参照)**に記入**しましょう。無論、過去問や模擬試験の現状の成績も漏れなく記入するだけでなく、あなたの毎日の勉強の累積時間を記します。人の**脳は確認することにより、定めた目標を無意識に達成することに全力を尽くして**くれるのです。

また、食べたものを毎日全部記録していると、「今日は糖質が

第5章 学習速度を劇的に上げる技術

多かったな……」などと認識できるので、自然に太りにくい食べ物を選ぶようになります。これと同じように、自分の勉強内容を書き記していくと、無駄な勉強を減らしたり、足りない勉強をメニューに加えたりすることが期待できるのです。

やることは、**勉強内容を日々細かく記入することと、累積勉強時間を記入すること**だけです。このことを粘り強く持続させてください。これができれば、あなたの勉強の成果は見違えるほど向上するはずです。

累積勉強時間の目標値と現在の値や、行った勉強の内容、現在の成績などを、数字とともに記録すると、無意識のうちに「達成しなければ」というプレッシャーがかかる

5-12 勉強を加速する環境に身を置く

　長い動物の歴史の中で、脳の活性化はその生態から見えてきます。まず、脳は空腹感を覚えたときのほうが、満腹時よりも活性化します。大昔から、私たち人類だけでなくすべての動物は、空腹感を覚えると、「なんとしても獲物を獲得しよう」として、さまざまな思考が脳内を駆け巡っていたはずです。それが獲物を獲得することに貢献してくれるからです。

　一方、空腹が満たされたとき、ひとまず目的を終えた脳はその活性度が低下します。つまり、食事後よりも食事前のほうが明らかに勉強には向いているのです。

　次に、運動しているときのほうが、机の前でウンウンうなりながら勉強しているときよりも脳が活性化しているはずです。ただ、運動中に勉強することはそんなに簡単ではありません。

　私の場合、運動中に斬新なひらめきが生まれることを、経験から導き出しました。ですから、日々の習慣にしている夕方1時間のウォーキング時は、トレーナーのポケットの中にメモと筆記用具を常備してアイデアを待ちます。

　もちろん、ウォーキングするときには、自宅を出る前に思索するテーマを決めて運動を楽しみます。そうすれば、ウォーキングしているときに脳内から、そのテーマに即したアイデアがどんどん湧き上がってくるのです。

　これは、勉強にも応用できます。ウォーキングの時間を確保して、積極的に**重点テーマのピックアップや今後のスケジューリングに関するアイデアを出力する時間**にあててください。貴重なアイデアが驚くほどどんどん出てくることに気が付くはずです。

第5章 学習速度を劇的に上げる技術

　もちろん、運動することによるストレス解消効果も無視できません。1人で部屋にこもって長時間勉強していると、着実にストレスが溜まっていきます。運動することで気持ちがリフレッシュする効果も期待できるのです。

　海馬には**場所ニューロン**(特定の場所に行ったときだけ発火する場所の認知細胞)という領域があることも判明しており、移動するだけで勉強に好都合なシータ波が出やすくなります。乗り物に揺られているときにもシータ波が出力されています。たとえば**通勤電車の揺れが眠気を催すのがその証拠**です。通勤電車の中で勉強することは、脳科学的にはとても好都合なのです。1日の中で運動する時間を確保して、アイデアを生み出すことに努めましょう。

シータ波が出やすい環境に自分を置くと効率がいい

COLUMN05

「時間管理チェック用紙」を活用しよう

　私は時間管理チェック用紙を活用して、勉強の効率化に役立ててもらっています。1週間に一度でいいので、以下の用紙をコピーして質問に答えてください。答え終わったら合計点を出し、144ページ上の評価で、自分の時間管理のレベルをチェックしましょう。

●時間管理チェック用紙

	以下の15個の質問に答えてください。「はい」なら左側、「いいえ」なら右側に、程度に応じた数字を「○」で囲んでください。	はい	←		→	いいえ
1	私は早寝早起きである	5	4	3	2	1
2	待ち時間をしっかり勉強に活用している	5	4	3	2	1
3	常に優先順位を付けて勉強している	5	4	3	2	1
4	余裕を持ってスケジューリングしている	5	4	3	2	1
5	整理整頓には自信がある	5	4	3	2	1
6	常に目標を明確にして勉強している	5	4	3	2	1
7	時計を頻繁に見る習慣を身に付けている	5	4	3	2	1
8	朝の時間を大事にしている	5	4	3	2	1
9	何事にも期限を設定して作業する習慣を身に付けている	5	4	3	2	1
10	自分の時間を大切にしている	5	4	3	2	1
11	他人の誘惑にあまり惑わされない	5	4	3	2	1
12	新聞や雑誌の情報処理能力には自信がある	5	4	3	2	1
13	メモ用紙と筆記用具を肌身離さず持ち歩いている	5	4	3	2	1
14	自分は時間管理の達人である	5	4	3	2	1
15	物理的時間よりも効率化を優先させている	5	4	3	2	1

第6章
集中力を手に入れる技術

6-1	脳が集中力を発揮するメカニズムを知る	p.106
6-2	4つのレベルの集中力を使い分ける	p.108
6-3	集中力の「初頭効果」と「終末効果」を活用する	p.110
6-4	ストループ・テストで集中力を高める	p.112
6-5	瞑想の技術を身に付けてリラックスできるようにする	p.114
6-6	集中しやすい細切れ時間を逃がさない	p.116
6-7	メンタル・タフネス理論を勉強に取り入れる	p.118
6-8	勉強を成功に導く「回復力」を発揮する	p.120

脳が集中力を発揮する メカニズムを知る

勉強に欠かせないのが**集中力**です。詳細は拙著『上達の技術』もお読みいただきたいのですが、**勉強する際にいかにして集中力を発揮するか**が、勉強の効率化に大きく関係してくるのです。

それでは、脳科学的に「集中とは何か」について考えてみましょう。キーワードは、「欲」「好き嫌い」「やる気」です。「生きたい」という欲は、とても原始的な**脳幹**という脳の領域でコントロールされています。つまり、生命は生理的な生命維持装置によってコントロールされているため、欲とは少し異なります。「生きたい」というよりも、私たちは「生かされている」のです。

生命維持の上に位置するのが、**視床下部**がコントロールしている「欲の脳」です。視床下部は、重量がたった5gにすぎない親指の先ほどの小さな脳ですが、人の脳の中心にあって、食欲、性欲などの中枢でもあります。自律神経の中枢がある視床下部は、同時に体内の恒常性を自動調節して、抑圧性の副交感神経、行動性の交感神経、体温調節などをコントロールしています。つまり、生き抜くために重要な欲望の情動を上位にある大脳に伝えるだけでなく、食欲や性欲といった原始的な欲を意志に変えて、行動を発揮させる機能を果たしているのです。

交感神経が異常に活動して緊張状態にあると、効率良く学習することは困難です。そんなときには、副交感神経を活発にしてリラックスした状態にすることが肝要です。自分にとっての覚醒レベルを、最適な状況に持ってくることも大事なのです。

身体の調整作用を担う視床下部の上に位置するのが「好き嫌いの脳」である**扁桃核**です。集中力は好き嫌いで大きく左右され

ます。好きな科目ではあんなに集中力を発揮できるのに、嫌いな科目ではなかなか集中力を発揮できない、ということはありませんか。「大好きな英語なら3時間ぶっ続けで勉強してもアッという間にすぎてしまうのに、嫌いな物理では10分が1時間のように感じられる」というのも、扁桃核が支配しているのです。

そしてその上位に位置するのが「やる気の脳」である側坐核です。側坐核は扁桃核と前頭連合野の中間にあり、扁桃核が「好き！」という指示をキャッチすると、最終的な行動をコントロールしている前頭連合野に「やる気」を伝えます。

最終的に行動をするか否かを決定する前頭連合野は、今まで述べてきたさまざまな臓器からのメッセージを総合判断して、行動のゴーサインを出すのです（図23）。

図23　やる気のメカニズム

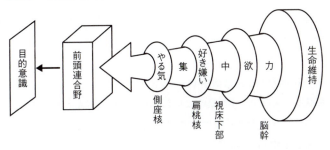

扁桃核からの「好き！」という指示を側坐核が受け取ると、やる気を前頭連合野に伝える。苦手意識を持たないことが大切だ　　出典：大木幸介／著『やる気を生む脳科学』（講談社、1993年）

6-2 4つのレベルの集中力を使い分ける

あなたは勉強時に最高レベルの集中力を発揮すべきと考えていませんか？ 多くの勉強本も、高いレベルの集中力を発揮することの大切さを説いています。しかし、**長時間の勉強中、常に高いレベルの集中力を発揮することなど、ほとんど不可能です**。

集中力も筋肉と同じように、使いすぎると疲弊します。私が提唱する4つのレベルの集中力（図24）を理解して、それを状況に応じてうまく使い分けることが肝要です。それらを以下に示します。

①単純な注意集中（レベル1）
最も下位の集中レベル。たとえば、車の運転をしているときに、信号が「赤か青か」を見分ける作業がこれにあたります。

②興味をともなった注意集中（レベル2）
単純な注意集中よりも上位の集中レベル。交差点に差しかかり、信号が青から黄に変わったとき、「止まるか、行くか」の決断をする作業がこれにあたります。

③心を奪われる注意集中（レベル3）
興味をともなった注意集中よりも上位の集中レベル。人通りの多い商店街を車で通り抜ける運転がこれにあたります。

④無我夢中（レベル4）
最上位の集中レベル。車の運転中に突然、子どもが道路に飛び出してきたときに発揮される注意集中です。

この4種類の集中力をうまく使い分けてください。常に最上位の集中力を発揮しようとすると、短時間で集中力のエネルギー

を使い果たしてしまい、もはやそれ以降、高いレベルの集中力は発揮できなくなります。

たとえば、単純に教科書を流し読みするときにはレベル1、試験に出る可能性が高い箇所を熟読しているときにはレベル2の集中力を発揮しましょう。そして、英語のリスニングの勉強をしているときにはレベル3、制限時間を決めて過去問の問題を解くときにはレベル4の集中力を発揮してください。

ぜひ、この4段階の集中力のレベルを理解して勉強時間全体を俯瞰しながら、投入する集中力をうまく使い分けてください。

図24　注意集中の4つのレベル

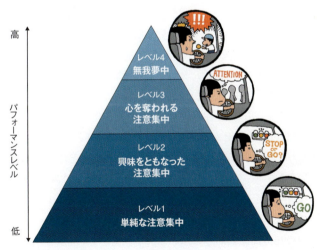

集中力は有限。適切なレベルの集中力を状況に応じて使い分ける

6-3 集中力の「初頭効果」と「終末効果」を活用する

　与えられた勉強時間の中で、いかに集中力を高めて効率良く勉強するか——これは勉強の成果にかかわる重要なテーマです。

　まず**初頭効果**と**終末効果**という、心理学の法則に則った勉強法を確立しましょう。これは何事をするにも、**最初と最後に集中レベルが高まる**という法則です。長時間ぶっ続けの勉強では、さっぱり集中力が高まらない、中だるみの時間が生まれてきます。**この中だるみの時間をできるだけ減らす**ことが勉強の効率化に大きく影響します。

　実は、人が集中していられる時間はせいぜい1時間であることが判明しています。小・中学校の授業が50分なのはそのためです。だから、たとえば3時間ぶっ続けで勉強するのではなく、50分勉強したら必ず10分のブレイク・タイムを入れましょう（図25）。

　ブレイク・タイムでは、お茶を飲んだり、机から離れて軽いストレッチをしたりして気分転換します。ただし、気分転換しようと思ってブレイク・タイムにゲームに興じたりすると、かえって逆効果になりかねませんから慎みましょう。1時間ごとにブレイク・タイムを設定すれば、さきほど説明した初頭効果と終末効果が期待できる時間も3倍に膨れ上がります。もちろん中だるみの時間も、ぶっ続けで行う3時間の勉強よりも圧倒的に減らせるのです。

　たとえば、英語の勉強をするときには、集中力のレベルが高い最初の15分間に難易度の高い箇所を勉強します。あるいは、まったく学習していなかった新しい学習をする時間にあてます。そして最後の15分間は、その日勉強した内容を復習することに努めましょう。

図25　初頭効果と終末効果

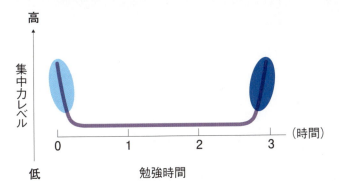

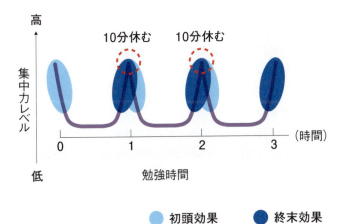

人が集中できる時間は限られているので、それに逆らわずに休憩を入れる。これにより、集中力が回復するので、勉強の効果が高まる

6-4 ストループ・テストで集中力を高める

それでは簡単に集中力を高めるトレーニングはないのでしょうか？　私はストループ効果を活用したテストをお勧めします。ストループ効果とは、文字の意味と文字の色のように、同時に目にする2つの情報が干渉し合う現象です。1935年に心理学者ジョン・ストループによって報告されたことからこの名で呼ばれています。

たとえば、青インクで書かれた「青」という文字を「あお」と答える場合より、赤インクで書かれた「青」という文字を「あお」と答えるほうが時間を必要とするのです。このことは、「雑音が集中力を妨げる」事実を私たちにわかりやすく教えてくれています。

図26はストループ・テストの一例です。異なる数字で構成された数字が列挙されています。まず最初は、大きな数字を正しく読み上げるテストです。ストップウォッチを用意して、すべての数字を読み上げるまでの時間を計測してください。次は、大きな数字を構成している小さな数字を読み上げて、やはりすべての数字を読み終えるまでの時間を計測してください。どちらの場合も、通常の数字を読み上げる場合より、時間がかかります。私が行った実験では、特に小さい数字を読み上げるほうが、大きい数字を読み上げるときよりも時間がかかるという結果がでています。

この所要時間が、あなたのその日の集中力のレベルを教えてくれます。もちろん、時間が短いほうが集中力が高まっていることはいうまでもありません。このストループ・テストを毎朝励行することで、その日の集中力のレベルがわかるだけでなく、このテストを繰り返すことにより集中力が着実に高まっていくのです。

第6章 集中力を手に入れる技術

図26 ストループ・テスト

```
                                              201  年  月  日


3 3 3 3      1 1 1 1      4 4 4 4        2   2        6 6 6 6
3            1       1    4       4    2       2      6       6
3 3 3 3      1 1 1 1          4        2 2 2 2        6 6 6 6
      3      1       1        4            2                6
3 3 3 3      1 1 1 1      4                 2         6 6 6 6


6 6 6 6      5 5 5 5      4 4 4 4      2 2 2 2              8
      6            5      4            2       2          8 8
6 6 6 6      5 5 5 5      4 4 4 4      2 2 2 2              8
      6      5                  4      2       2            8
6 6 6 6      5 5 5 5      4 4 4 4      2 2 2 2              8


3 3 3 3      1 1 1 1      7 7 7 7      9 9 9 9        4 4 4 4
      3      1                  7      9              4       4
3 3 3 3      1 1 1 1      7 7 7 7      9 9 9 9        4 4 4 4
3                   1           7      9       9              4
3 3 3 3      1 1 1 1      7 7 7 7      9 9 9 9        4 4 4 4


      5            7 7    3 3 3 3      6 6 6 6        8 8 8 8
    5 5      7       7            3    6       6              8
      5      7 7 7 7      3 3 3 3      6 6 6 6        8 8 8 8
      5            7      3                  6              8
      5            7      3 3 3 3      6 6 6 6        8 8 8 8


          大きな数字の読み上げにかかった時間            秒

          小さな数字の読み上げにかかった時間            秒


                              合 計            秒
```

ストループ・テストを続けると集中力が養われる。また、その日の体調の目安にもなる

65 瞑想の技術を身に付けて リラックスできるようにする

　私はこれまで数多くのトップアスリートのメンタルカウンセラーを務めてきましたが、「**集中力とリラックスはとても相性が良い**」ということを、繰り返し彼らに説いてきました。あなたがリラックスしているとき、それは脳がとても良い状態であり、勉強の効率化にも大きく貢献してくれるのです。

　一方、心配事や雑念があるとリラックスできず、集中力を得られません。その結果、勉強に没頭できず、時間をかける割に効果が上がらないのです。そこでお勧めなのが瞑想です。瞑想は、あなたの脳を調整してくれるだけでなく、副交感神経を活性化して心身をリラックスさせてくれます。その結果、最高のコンディションで勉強する環境をあなたに与えてくれるのです。

　多くの勉強本には、勉強を効率良く行うノウハウは書かれていますが、心身を良好な状態にもっていく秘訣については、あまり触れていません。しかし、勉強で成果を上げるには、アスリート以上に、**心身を最高のコンディションにもっていくスキル**が求められるのです。

　それでは、簡単にできる瞑想の儀式をご紹介しましょう。2-1で、私は「朝晩、それぞれ30分の勉強時間を確保している」と述べましたが、その前後の15分間を瞑想の時間にあてています。朝の瞑想はその日の計画、晩の瞑想は、その日の反省の時間です。私のこれまでのベストセラー本のアイデアや、メンタルトレーニングのメニュー開発についてのヒントの多くは、この瞑想する時間に生まれています。

　やり方は簡単です。私はベッドの上であぐらをかいて瞑想を行

第6章 集中力を手に入れる技術

います。枕元にあるテーブルの上にスケジュール帳と勉強ノート（第9章）と筆記用具を置いて、目を閉じ、ゆったりとした気持ちで腹式呼吸を行います。意識を呼吸に置いてください。呼吸の基本的なリズムは、4秒かけて鼻から息を吸い、8秒かけて口から息を吐くというものです。すると、脳の「扉」が開いて、さまざまな意識が浮かび上がってきます。もし、勉強についてのアイデアや工夫が浮かび上がってきたら、そばにある勉強ノートに記入します。

このように、朝晩それぞれ15分間、瞑想の時間を確保してください。そうすれば、勉強の効率化に関する貴重なヒントが湧き出てきて、勉強の効率化に大きく貢献してくれます。

瞑想することで集中力が高まる。それだけでなく斬新なアイデアも浮かびやすい時間だ

6-6 集中しやすい細切れ時間を逃がさない

　決して、細切れの時間を馬鹿にしてはいけません。日常生活の中には、5～10分単位のすきま時間がたくさん存在します。ですから、このような**細切れの時間を活用して、こまめに勉強時間を確保**しましょう。

　もし、あなたが英語の単語を記憶するなら、駅で電車が到着するまでの5分間の待ち時間を活用して、10個の単語を記憶することに努めましょう。5分間で10個の英単語を暗記することは、それほど難しくないはずです。

　その他、病院での待ち時間、銀行の窓口で呼び出されるまでの待ち時間、行列ができる店で入店を待つ時間、通勤中の電車の中での時間などをかき集めて1時間確保するのは、その気になれば、それほど難しくありません。

　この細切れ時間だけで、あなたは1日120個の英単語を記憶できるのです。

　しかも、6-3で詳細を説明していますが、**連続した1時間よりも細切れの時間をかき集めた1時間のほうが、集中力も高まって効率良く勉強できる**のです。まとめて1時間ぶっ通しで勉強するよりも、5分間のすきま時間で12回勉強するほうが、明らかに集中力が高まるのです。そのためにも、バッグに参考書や本を入れて持ち歩きたいものです。

　たとえ1分間のすきま時間でも、その時間をうまく活用して参考書や本に目を通す——そういう習慣を身に付けましょう。たった5分間のすきま時間であっても、100回集めれば、8時間以上になるのです。

5分間のすきま時間で勉強しよう

常に本や参考書、スマートフォンを持ち歩いていると、いつ発生するかわからないすきま時間を活用しやすい

6-7 メンタル・タフネス理論を勉強に取り入れる

　集中力を高めて勉強を効率化するには、心理面でタフにならなければなりません。スポーツ心理学における私の先生であるジム・レーヤー博士のトレーニング強度理論にもとづいた「勉強強度の法則」を、私は開発しています。レーヤー博士は、アスリートのトレーニング・レベルを4つに分類しています。それらは以下の通りです（図27）。

1. オーバー・トレーニング（過剰ストレス）
2. タフネス・トレーニング（順応性ストレス）
3. メンテナンス・トレーニング（持続ストレス）
4. アンダー・トレーニング（不足ストレス）

　そして2のタフネス・トレーニングこそ、アスリートが着実に強固な身体をつくるための理想的なトレーニング・レベルであることを強調しています。そのことについてレーヤー博士はこう語っています。

「タフになるためには、自分のいつもの限界、快適を感じる範囲を超えなければならない。快適に感じることだけをトレーニングしていては、弱くなるか、現在のタフネスのレベルを維持するかのどちらかだ。成長するためにはいつもの限界を超えて挑戦しなければならない」ジム・レーヤー/著『スポーツマンのためのメンタル・タフネス』（阪急コミュニケーションズ、1997年）

　まったく不快感がなければタフにはなれません。強制がなければタフにはなれません。もしも現状の週間累積勉強時間が10時間な

第6章 集中力を手に入れる技術

ら、あと3時間増やせないか考えてみましょう。

快適に感じるだけの勉強時間では、集中力を高めて成長することはとても難しいのです。つまり、**ちょっと辛いくらいの勉強時間を設定することが、成長していくためには不可欠**なのです。もちろん、累積勉強時間を増やしすぎると、心身に不調をきたすこともありますから、無理は避けてください。

勉強時間をタフネス・レベルに調整しましょう。それがあなたの勉強の成果を最大にしてくれるのです。しかも、ちょっと苦痛に感じるタフネス・レベルの勉強時間を強いられても、数週間もすればそれが苦痛でなくなることに気が付くはずです。そうしたら、もう少し週間勉強時間を増やしてみましょう。ちょっと辛いと感じるタフネス・レベルの勉強時間に設定するだけで集中力が高まり、驚くほど勉強の成果が上がります。もちろん体調の悪いときには、勉強時間を減らしても構いません。

図27　4つのトレーニング・レベル

トレーニングは、「ちょっと辛いな……」と思うくらいがちょうどいい
出典：ジム・レーヤー／著『スポーツマンのためのメンタル・タフネス』（阪急コミュニケーションズ、1997年）

68 勉強を成功に導く「回復力」を発揮する

　勉強時間をタフネス・レベルに設定したら、回復にも意欲を注ぎましょう。前述したジム・レーヤー博士は、自らが指導していたアメリカのスピード・スケート選手であるダン・ジャンセン氏に回復チェック用紙（122ページ、図28）を日々、記入してもらいました。そして、ジャンセン選手は、1994年のリレハンメル冬季オリンピックで、見事、金メダルを獲得したのです。これは勉強でもまったく通用します。

　毎日、このチェック用紙で自分の睡眠時間をきっちり把握しましょう。ある日の勉強がはかどったら、その前日の睡眠パターンに注目してください。自分の最良の睡眠時間を把握して、日々それを守り続けることは、昼間、完全燃焼するために不可欠なのです。

　また、毎日、決まった時間に起床・就寝ができたか確認しましょう。就寝時間を一定にすることは難しくても、起床時間を一定にすることは、その気になればそれほど難しくありません。夜の睡眠だけでなく仮眠することも効果的です。自分はどれくらい仮眠を取ると調子が最高になるかを把握しましょう。

　集中力を高めたいのであれば、オフタイムでの活動的・受動的な休憩や、リラックスのためのエクササイズなどが欠かせません。なぜなら、これらは気分転換になるだけでなく、体調を回復および維持するのにとても有効だからです。

　自分の食事内容を把握することも重要です。ある日の体調が良かったのは、食事の内容が素晴らしかったからかもしれません。

　いくら努力を重ねても、テストの本番で体調を崩したのでは、

第6章 集中力を手に入れる技術

それまでの努力が水の泡です。この用紙をチェックすることで、万全な体調を維持しやすくなり、結果、勉強時の集中力が高まり、勉強の効率化に大きく貢献してくれるのです。これが回復力です。

毎日体調をチェックすることで、どういう条件のときに自分の体調が良いのかを具体的に把握できる。もちろん、体調が良いときは勉強の効率も良い

図28　回復チェック用紙

1. **睡眠時間**
   - 8時間以上　　　　　　　+4
   - 5～7時間　　　　　　　+2
   - 4時間以下　　　　　　　+0.5

2. **起床・就寝の習慣**
   いつも決まった時間(またはその前後30分)に
   起床・就寝する
   - はい　　　　　　　　　　+2
   - いいえ　　　　　　　　　+0

3. **仮眠時間**
   - 30分～1時間　　　　　　+2
   - 30分未満　　　　　　　　+0

4. **活動的な休息時間**
   ウォーキングや、ゴルフ、サイクリングなどの
   休息に費やした時間
   - 1時間以上　　　　　　　+2
   - 30分～1時間未満　　　　+1
   - 30分未満　　　　　　　　+0.5

5. **受動的な休息時間**
   読書、映画、テレビ、音楽鑑賞などの休息に費やした時間
   - 1時間以上　　　　　　　+2
   - 30分～1時間未満　　　　+1
   - 30分未満　　　　　　　　+0.5

第6章 集中力を手に入れる技術

6. **リラックスのためのエクササイズの時間**
   瞑想、呼吸法、ヨガ、マッサージなどの
   エクササイズに費やした時間
   1時間以上　　　　　　　　+2
   30分~1時間未満　　　　　+1
   30分未満　　　　　　　　+0.5

7. **食事の回数**
   軽食を4回以上　　　　　　+3
   2~3回の食事　　　　　　　+1

8. **食生活の健康度**
   軽く、新鮮で、低脂肪で、
   複合炭水化物中心の食事をとったか
   毎食そうである　　　　　　+3
   ほとんどそうである　　　　+1

9. **今日は楽しい1日だったか**
   楽しかった　　　　　　　　+2
   楽しくなかった　　　　　　+0

10 **個人的な自由時間**
   1時間以上　　　　　　　　+2
   30分~1時間未満　　　　　+1

   1日の回復量の総計（24点満点）

あらかじめチェック用紙を作成しておけば、苦もなく記録できる
出典：ジム・レーヤー /著『スポーツマンのためのメンタル・タフネス』(阪急コミュニケーションズ、1997年)

COLUMN06

瞬間的に集中力を高める裏技

　瞬間的に集中力を高めたいときがあるでしょう。たとえば、抜き打ちテストの直前などです。このようなときに備えて、心理学では常識になっている**残像集中トレーニング**を、ぜひマスターしてください。

　まず名刺サイズの用紙を用意して、中央に直径約1cmの円を描き、カラーペンでお気に入りの色で塗りつぶします。そして、明るい場所でこの円を1分間凝視します。しばらくすると、その円の周囲に別の色が浮かび上がってきて、それがコロナのように広がったり縮まったりするはずです。あなたの集中力のレベルは、このときかなり高まっています。

　1分間円を見続けたら、今度は目を閉じてください。そうすると額の部分に、今見続けた円の色の**補色**で塗りつぶされた円が鮮やかに浮かび上がってきます。もしも、あなたが赤色で円を塗りつぶしたのであれば、緑色が浮かび上がってくるはずです。そして、オレンジ色で塗りつぶしたら青色が、黄緑色で塗りつぶしたら紫色が浮かび上がります。

　そのあと、その円が消えるまで、意識をその円に集中させてください。このとき、あなたの集中力のレベルはさらに高まっているはずです。これを定期的に練習し、集中力を自在に操ることができるようになれば、**突発事態でも集中力を発揮できる**ようになります。

第7章
モチベーションを高める技術

7-1 モチベーションは短期的な目標ほど上がる	p.126
7-2 マイナスの自己イメージはプラスに書き換える	p.128
7-3 マインド・セットは「しなやか」にする	p.130
7-4 最強のモチベーターを見つける	p.132
7-5 「持論系モチベーター」を心の中に育てる	p.134
7-6 もっともっと自分に期待する	p.136
7-7 どこまでも成長欲求を高める	p.138
7-8 最高の睡眠パターンを身に付ける	p.140
7-9 心地良い勉強スポットを見つける	p.142

7-1 モチベーションは短期的な目標ほど上がる

目標の期限については、スタンフォード大学（米国）のアルバート・バンデモーラ博士による実験があります。彼は、7〜10歳の子どもに算数の問題集を解かせました。

Aグループには、「毎日6ページやる」という目標を立てて解かせ、Bグループには「全部で258ページある問題集をすべて解きなさい」と指示しました。結果はというと、Aグループは74％の子どもがすべての問題を解いたものの、Bグループですべての問題を解いたのは55％にとどまりました。

同時に博士は「算数への興味」を調査しました。すると、Aグループは90％の子どもが興味を示したのに比べ、Bグループの子どもで興味を示したのは、50％にすぎませんでした。

このことから、月間目標や週間目標はもちろん大切なのですが、やはり強烈な効果があるのは**短期的な日課を着実にこなすこと**であるのがわかります。毎日10分でも15分でもいいから、すきま時間を見つけて、着実に勉強する習慣が効果的なのです。

目標設定に関連したもう1つの強烈な心理効果が**締め切り効果**です。私はこれまで、15年以上にわたって、コンスタントに年間10冊のペースで書籍の執筆を続けてきましたが、単行本の執筆が決まったとき、敢えて厳しい執筆期限を設定して担当の編集者に告げることにしています。これが締め切り効果であり、私のやる気の原動力です。

受験勉強や資格試験では、苦手な科目の克服が合否を大きく左右します。とはいえ、好きな科目は自発的に勉強する気になりますが、嫌いな科目は嫌々……となります。しかし、そんなやら

第7章 モチベーションを高める技術

され感の強い科目であっても、このように期限を設定すれば馬鹿力を発揮することができるのです。

壮大な目標は途中でくじけやすい。大きな目標の手前で小さな目標をいくつか設定し、それらを着実に達成していくほうが頑張れる

7-2 マイナスの自己イメージはプラスに書き換える

　勉強の土台は、自信を持つことです。自己暗示の効果は侮れません。たとえば、人生を左右する1回勝負の大学受験において、同じ学力を持つ2人の学生を比較してみましょう。

　学生Aは「絶対私は合格する！」と、自分を励まし続けて勉学に励みます。一方、学生Bは「目標とする大学に合格できなかったらどうしよう……」と、絶えず否定的な思考でいます。どちらの学生が合格するかは、いうまでもないでしょう。

　ここでその実例を紹介します。教育心理学者のプレスコット・レッキー博士は、英語が41点だった女子生徒に「あなたは英語の才能がある」と、繰り返し励まし続けました。すると、次のテストで彼女は90点という素晴らしい成績を上げたのです。これは彼女の自己イメージが変わったからです。それ以外の理由はまったく考えられません。今までの「私は英語の才能がない……」という思い込みが、彼女の潜在能力にふたをしていたのです。

　レッキー博士の励ましにより、彼女の心の中には、「今は成績が良くないけれど、ひょっとしたら私には英語の才能があるかも！」という心理的変化が生まれたのです。

●一流のアスリートはスランプでも自信満々

　これまで、私は数多くのアスリートのメンタル面のサポートをしてきましたが、一流のアスリートほど自信満々です。一方、並みのアスリートは、好調のときにはチャンピオン同様に自信満々なのですが、スランプに陥ると途端に自信を喪失してしまうのです。人の潜在能力は、想像以上にすごいのです。まず、自己イ

第7章 モチベーションを高める技術

メージを書き変えましょう。等身大の自分を描いている限り、やる気は生まれてきません。現状維持がせいぜいです。

ニューヨーク州立大学（米国）の心理学教室が、2000人以上の高校生を対象にした3年間にわたる研究のデータでも、成績が着実に上昇したのは「自己評価が高い」生徒でした。その原因を探ると、**自己評価が高い人は、おもしろくない勉強でも努力をいとわない**ことが判明したのです。

「自分にはすごい潜在能力がある！」「自分は着実に成長していける！」といった、自己イメージを変えるメッセージを繰り返し唱え続けましょう。それだけでなく、自宅の書斎の机の前の壁にそのメッセージを大きく書いた紙を貼り出して、繰り返し声を出して読み上げましょう。それがあなたに自信を与え、モチベーションも上がり、精力的に勉強へ取り組ませてくれるのです。

「わたしなんて……」という考え方は、今すぐにやめよう。天才がいることは否定しないが、一般的に考えて、そもそも人が持つ能力にそれほど大きな違いはない

7-3 マインド・セットは「しなやか」にする

　先入観は、その人の能力を限定してしまいます。たとえば、「そういえば、両親も『勉強があまりできなかった』とこぼしていたなあ」とか「私の兄弟は一流大学とはまったく無縁だからなあ」といったことをいう人がいますが、実は、あなたが考えているほど、勉強に占める才能の比率は高くありません。

　執着力やあきらめない力こそ、学習力を高める大きな資質です。日本人はもともと、粘り強さにかけては、他のどの国の人と比べても、引けを取りません。

　キャロル・ドゥエック博士は自著『「やればできる！」の研究』（草思社、2008年）の中で、人を2種類に分類しています。「コチコチマインド・セット」な人と、「しなやかマインド・セット」な人です。「コチコチマインド・セット」の人は、「スキルや才能は生まれつきのものなので、それを変えることはまったく不可能」と考えてしまいます。そのため、試験の結果が悪いと「自分は才能がないんだ」と短絡的に考えてあきらめてしまうので、試験の点数が良くなることはありません。

　一方、「しなやかマインド・セット」の人は、「スキルや能力は鍛練や粘り強さによって伸びていく」と考えます。たとえ試験で良い点を取れなくても、「自分の努力不足である」と考えるので、引き続き努力し続けられます。

　また、コチコチマインド・セットの人は、結果に一喜一憂するため、精神的にもとても不安定です。一方、しなやかマインド・セットの人は、たとえ、どんな結果になろうともモチベーションが変化することはなく、その結果に一喜一憂せず、あきらめないで

第7章 モチベーションを高める技術

自分の定めた目標に向かって突き進むことができます。

結果に一喜一憂していると自分の気持ちが大きく上下するので、精神的に大きなエネルギーを使ってしまう。良いときも悪いときも、淡々と目標を目指せばいい。一流のアスリートが感情をあまり顔に出さないのは、別に無愛想なわけではなく、自分の気持ちを乱さないよう注意しているためだ

7-4 最強のモチベーターを見つける

「勉強がおもしろくない」——多くの人々が抱いている悩みです。受験勉強はもとより、資格試験や社内の昇進試験などで高い点数を獲得するには、おもしろくない内容の作業を延々とする忍耐力が求められます。勉強には持続力だけでなく没頭力が求められるのです。

大抵の場合、内容がおもしろくない勉強を長時間かけてやることは、自分が好きなことに没頭する趣味と違って至難の業です。しかし、それでは勉強の成果を出せません。スポーツの世界でも、嫌いな練習を黙々と持続できるのが、チャンピオンの共通点です。

ここでは、ただひたすら勉強するための思考法が求められます。それは、あなたにとって最強の、勉強のモチベーターを見つけ出すことです。これこそ、最も重要な、勉強への取り組み方の1つです。おもしろくない作業でも没頭できるようになるモチベーターを発見することについては、イチロー選手の言葉が参考になるでしょう。あるとき、彼はこう語っています。

「結局は、細かいことを積み重ねることでしか頂上に行けない。それ以外に方法はない、ということですね」

勉強に、正しい道はありますが、近道や楽な道はありません。定めた目標に到達した自分の誇らしげな姿をリアルに脳に刻み込んで、日々の作業にのめり込む。もっといえば、そのおもしろくない作業そのものではなく、何か新しいことを学んだ手応えや、自分が日々わずかでも成長していることを実感することで、やる

気は湧いてくるものなのです。

いちばんのライバルは、今の自分自身。今できないことが勉強したことでできるようになる——これこそ最強のモチベーターだ

75 「持論系モチベーター」を心の中に育てる

　モチベーターには緊張系（緊張や欠乏が原動力）、希望系（目標や夢が原動力）、関係系（周りの人との関係が原動力）、持論系（自分を主人公と感じることによる原動力）があるといわれていますが、私が「チャンピオンのモチベーター」と呼んでいる**持論系モチベーター**は、夢を実現する多くの人々にとって最強のモチベーターといえます。

　うまくいったとき、持論系モチベーターとそれ以外のモチベーターで、差異はあまり認められませんが、うまくいかなかったときに差が出ます。たとえば希望系のモチベーターを頼りに勉強してきた場合、試験に不合格になったときの挫折感は大きく、「これだけ頑張ったのに……。なんで？」という気持ちが湧き上がって、しばらく立ち直れないこともあります。一方、持論系モチベーターで頑張った場合、結果的に試験で不合格になったとしても、「自分で決めたことをやって、うまくいかなかったんだから納得できる」と考えて、落ち込みにくいのです。

　たとえ失敗したとしても、それまで積み重ねた勉強は、あなたの人生の成長の糧になっています。このことについては、イチロー選手の以下の言葉が、私たちを元気付けてくれるだけでなく、頑張ることの大切さを教えてくれます。

「僕なんて、まだできていないことのほうが多いですよ。でも、できなくていいんです。できちゃったら終わっちゃいますからね。できないから、いいんですよ」

第7章 モチベーションを高める技術

　目標を実現するには、**勉強している行為そのものに意味を見出す**ようにしましょう。勉強は、不毛なものとして捉えてしまいがちですが、その気になれば勉強をしている行為そのものに意味を見出すこともできます。どうせやらなければならない勉強なら、後者の考え方をしてみてください。

　イチロー選手のように、行為そのものに意味を見出せば、あなたは強烈な持論系モチベーターを発見したことになります。「自分はこうして勉強するんだ！」という セルフ・セオリー を持てば、おもしろくない内容の勉強にも、のめり込めるのです。

モチベーターには緊張系（緊張や欠乏が原動力）、希望系（目標や夢が原動力）、関係系（周りの人との関係が原動力）、持論系（自分を主人公と感じることによる原動力）があるといわれるが、この中で最も打たれ強いのが持論系だ

135

76 もっともっと自分に期待する

人が持つ主要な欲求の1つに期待欲求があります。この欲求を心の中に膨らませていくと、黙っていても勉強を持続することができます。自分に期待するので、おもしろくない勉強も持続できるのです。

チャンピオンほど、おもしろくない作業を持続できます。彼らは異常なほど自分への期待欲求が強いのです。「自分はこんなのじゃない」「自分はもっとすごいことができる人だ」といった、私たちには大風呂敷とも思えるメッセージを、頻繁に自分自身に語りかけることで、彼らはおもしろくない内容の努力を持続します。

もっと自分自身の持っている潜在能力に期待しましょう。「テストに合格する」とか「資格を取る」といったことは、あくまでも小さなゴールにすぎません。それよりも、日々の自分に期待し続けて「自分はもっとできる」「最高の自分に出会いたい」といった期待を膨らませましょう。それが、あなたに高いレベルのモチベーションを維持させて、勉強を続けさせてくれるのです。

さまざまな工夫を凝らしてモチベーションを上げて勉強することは、勉強の技術の肝です。強烈なモチベーターを持てば、おもしろくない勉強でも持続することができます。

イチロー選手は、安易に手に入るものを拒否する勇気を持っています。あるとき、彼はこう語っています。

「近道は、もちろんしたいです。簡単にできたら楽なんですけど、でも、そんなことは一流になるためには、もちろん不可能なことですよね。いちばんの近道は遠回りすることだ、っていう考えを、

第7章 モチベーションを高める技術

今は心に持ってやっているんです」

「ヒットを量産する近道があれば、それを選択したい」「もっと楽な方法でヒットを量産できるなら教えてほしい」。でも、そんな近道や楽な方法は存在しないのです。「『バットを振る』という、おもしろくない単純作業を黙々とこなしていくことしか道はない」とイチロー選手が考えているように、「おもしろくない勉強を黙々とこなしていくのが合格の道」と、自分に言い聞かせましょう。

確かに、勉強はあまりおもしろい作業ではないかもしれません。しかし、どうせ勉強しなければならないのなら、渋々やるよりも、自分に期待しながら高いモチベーションを維持して頑張りましょう。

成長した自分自身に出会いたいという欲求は強力なモチベーションになる。本気で自分自身に期待することが重要だ

7 どこまでも成長欲求を高める

　勉強を通して、自分が日々着実に成長していることを感じ取れると、自然にモチベーションが高まります。この成長欲求こそ、私たちを本気にしてくれる強烈なモチベーターです。

　昨日の自分よりも今日の自分、そして今日の自分よりも明日の自分のほうが着実に進歩しているという手応えを、敏感に感じ取ってください。

　成長欲求は私たちの興味を刺激してくれます。「知らないことを知った快感」や「今まで気付かなかったおもしろさを知った快感」は、モチベーションに大きな影響を与えます。

　私は「勉強の井戸を深く掘り進む」と表現していますが、そうすることで、今まで気が付かなかったおもしろさに巡り会えます。「広く浅く勉強することが大事」と主張する学者もいますが、私はそれに同意しません。

　テーマを深く探ることでモチベーションが上がり、学習速度は加速します。それだけでなく、単なる丸暗記によって広く浅く知識を入力するよりも何倍もの理解力を動員できるので、結局、深く広く学習できるのです。

　成長しているという快感があるから、どんどん深く追究していくことができ、その結果、学習速度が加速度的に上がります。興味があるから勉強が進むのではなく、勉強を進めていくことで、自然に興味が生まれてくるのです。これは、同じように思えても、まったく違います。興味が先にあるのではなく、勉強が先にあるのです。まず、勉強をやってみることです。その姿勢が大事なのです。

第7章 モチベーションを高める技術

ある分野を深く掘って学習速度を加速させていくと、興味が生まれ、自然に掘る場所が広くなっていく

最高の睡眠パターンを身に付ける

　勉強法の意外な盲点は**睡眠**にあります。あなたは毎日、何時間の睡眠を取っていますか？　私は現在68歳ですが、50歳ごろまでは7時間睡眠でした。しかし、今は基本的に6時間の睡眠時間で十分です。もちろん、人によっては「7時間睡眠のほうが、昼間の集中力が高まる」と感じるかもしれません。それは、それで構いません。

　ただし、睡眠時間が延びると必然的に睡眠の質は低下します。あるとき、ある睡眠に関する本に「朝の起床前の30分～1時間は惰眠でしかない」という記述がありました。これを読んだ私は、「よし、これから30分早く起きよう！」と決意して、午後11時～午前6時の睡眠パターンを午後11時～午前5時30分に切り替えました。

　すると、不思議な現象が起こりました。**30分早起きしたにもかかわらず、心身がそれまで以上に良好**なのです。それまで以上に深い睡眠を取ることができるようになり、朝、以前よりも気持ち良く起床できる自分に気付いたのです。

　それだけでなく、30分睡眠時間を短縮した結果、年間180時間という朝の時間が創出できました。今まで以上に深い眠りを手に入れただけでなく、昼間も快調でバイタリティあふれる活動ができるようになったのです。

　そして半年ほどその睡眠パターンで過ごした後、私はさらに30分早起きすることを決意しました。最終的に、午後11時～午前5時が、私の普段の睡眠時間として定着したのです。朝5時に起きて、2-1の早朝の「儀式」を行った後、午前6時ごろから午前中いっぱい、本を執筆する時間にあてるのです。

第7章 モチベーションを高める技術

　あなたも、現状の起床時間を30分早めて、心身にどんな変化が起こるか、試してみましょう。それがうまくいけば、新しい勉強時間を創出できるのです。

　なお、図29は、あなたの睡眠の問題の有無がわかる快眠チェック用紙です。この15項目に「はい」か「いいえ」で答えてください。「いいえ」の数が多いほうが、快眠を手に入れていることになります。144ページに評価を示しておきますので、ときどきチェックしましょう。

図29　快眠チェック用紙

以下の質問に答えて、「はい」なら〇、「いいえ」なら×を入れてください。

1. (　) 目覚まし時計がないと、決められた時間に起きられない。
2. (　) 朝、ベッドから出るのがおっくうである。
3. (　) 平日の朝、寝覚めが悪く、何度も目覚ましの音を止めてしまう。
4. (　) 平日の間、いつも疲労やいらだち、ストレスなどを感じている。
5. (　) 集中力がなく、物忘れが激しい。
6. (　) 決断力、判断力、創造力などに自信がない。
7. (　) テレビを見ていて、眠ってしまうことがよくある。
8. (　) 退屈な会議や講義のとき、あるいは暖かい部屋にいるとき、眠ってしまうことがよくある。
9. (　) お腹いっぱい食べたり、軽くお酒を飲んだりすると、眠ってしまうことがある。
10 (　) 夕食の後、くつろいでいると、つい、うたた寝をする。
11 (　) ベッドに横になると、5分以内に眠ってしまう。
12 (　) 自動車を運転していると、眠くなることがよくある。
13 (　) 週末の朝は、ふだんより何時間も遅くまで寝ている。
14 (　) 昼寝をしなくてはいられない。
15 (　) 目のふちに黒いクマがある。

本当に自分が必要とする睡眠時間を見つけよう。無駄に長く眠る必要はない。評価は144ページ
ジェームズ・B・マース/著『快眠力』(三笠書房、1999年、一部改変)

79 心地良い勉強スポットを見つける

　勉強できる場所を見つけておくことは、とても大切なことです。もう随分前の話になりますが、私が京都大学の学生時代に試験勉強する場所は、農学部の近くの喫茶店「進々堂」と決めていました。この喫茶店は、今でも京都の人気スポットとして多くの学生や社会人たちが通い続けているといいます。なんでも、1930(昭和5)年創業といいますから、老舗(しにせ)であることは間違いありません。

　私が大学を卒業して、すでに43年が経過しましたが、あの広々とした木製の机に向かいながら、喧騒(けんそう)から隔離された空間で勉強することにより、驚くほど学習がはかどったことが思い出されます。ここで勉強すると、なぜか集中できて、記憶したいことがスラスラと頭に入ってきたという記憶が、今も鮮明によみがえってきます。

　それではなぜ、カフェだと勉強が進むのでしょうか？　まず、人は適度な騒音があるほうが集中できます。たとえば、完全無音の無響室だと逆に集中できません。また、人の目があるので適度な緊張感を維持できます。1杯のコーヒーでそんなに長居できるわけでもありませんから、締め切り効果も働きます。その他、自宅と異なり余計なものがなく、勉強しかすることがないことも、勉強の効率を高めてくれます。

　現在も私には、自宅周辺にいくつかの**勉強スポット**があります。すべてカフェですが、その場所で1人になり、2〜3時間ゆったりした気分で、コーヒーでも飲みながら執筆などの企画を練ることにしています。図書館の自習室やファミリー・レストランなど、自分にとって使い勝手の良い場所で構いません。

第7章 モチベーションを高める技術

　また、自宅を30分早く出て朝のラッシュアワーを避け、比較的空いた電車に座り、読書や勉強をすることもお勧めです。お気に入りのカフェを最寄り駅に見つけ、出勤前の時間を、その日のスケジューリングを兼ねた勉強時間にあててください。

人の目がある場所（カフェや図書館など）で勉強すると、はかどる経験を持っている人は多いだろう。自宅だとだらけてしまう人にはお勧めだ

時間管理チェック（104ページ）の評価

65点以上：あなたの時間管理能力は極めて優れています。
55〜64点：あなたの時間管理能力は優れています。
40〜54点：あなたの時間管理能力は平均レベルです。
30〜39点：あなたの時間管理能力は劣っています。
29点以下：あなたの時間管理能力は最低レベルです。

快眠チェック（141ページ）の評価

○の数

2個以下：あなたの睡眠は、まったく問題ありません。
3〜5個：あなたの睡眠障害は、現在それほど深刻ではありません。
6〜8個：あなたは、明らかに睡眠障害を抱えています。
9個以上：あなたの睡眠障害は深刻です。医者への相談が必要です。

第8章
記憶力を強くする技術

8-1	記憶に不可欠な3つのプロセスを知る	p.146
8-2	エピソード記憶と結び付けて覚える	p.150
8-3	記憶したいことは繰り返し思い出す	p.152
8-4	繰り返し復習して記憶を定着させる	p.154
8-5	感情や体験を織り込んで記憶する	p.156
8-6	「自宅記憶法」で大量に覚える	p.158
8-7	筋力トレーニングを記憶法に応用する	p.160
8-8	暗記物は睡眠前学習で記憶する	p.162

8-1 記憶に不可欠な3つのプロセスを知る

　勉強では効率的に記憶することが欠かせません。書店に記憶術を扱った本がたくさん並んでいるのも、このことを良く示してくれています。インターネットで記憶力に関する本を検索したら、少なくとも数百冊は出てきます。この事実からも、多くの人々が記憶力を高めることに関心を持っていることがうかがえます。ここでは、受験当日までの時間が限られている受験生や、資格試験などに日夜、精を出している多忙なビジネス・パーソン向けに、効率的な記憶術をお伝えします。

　記憶は、そのステージにより3つのステップに分類できます（図30）。最初のステップは、**①記銘**です。記憶したい事柄を、視覚を中心とした感覚器官を通して脳に入力する作業です。

　次のステップが**②保持**です。記銘により海馬に一時的に記憶した事柄を、大脳新皮質に長期記憶として保持する作業です。

　そして最後のステップが**③想起**です。保持された記憶を臨機応変に出力する作業です。前述したように、脳は記憶することよりも忘れることのほうが得意な臓器です。入力した情報がすべて記銘・保持されたら、脳は早晩パンクしてしまうからです。

　私たちが普段、入力する事柄のほとんどは、一時的に脳に存在するだけでいい事柄です。認知心理学においては、**ワーキングメモリー**（作業記憶）と呼ばれています。

　たとえば、スーパーで購入して冷蔵庫に入れた食材は、料理して食べてしまえば忘れていい事柄です。もっといえば、忘れなければならない事柄です。

　これはあくまでも私の推測にすぎませんが、脳内には、たとえ

第8章 記憶力を強くする技術

図30 記憶における3つのプロセス

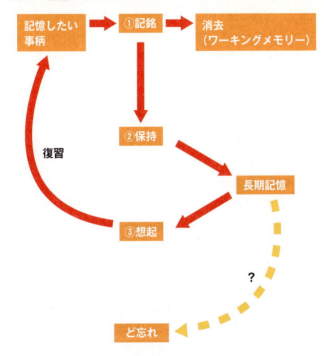

記憶は、たとえいったん長期記憶に保存されても、繰り返し想起し続けないと消えてしまう

ば冷蔵庫の中の食材を記憶することだけに使われている固有の脳細胞があって、最新の食材が冷蔵庫に入れられると、自動的にそこの記憶が書き変えられる機能が備わっているはずです。

あるいは、駅で買う切符の行き先や、行きつけのレストランで食べるメニューなども、その行為を終えたら自動的にその内容を消去する脳の領域があるはずです。

●記憶は復習で定着する

　しかし、勉強における脳の領域がそれでは困ります。長期記憶としてしっかりと保持するためには、記憶を保存する「倉庫」が必要です。私が推測する倉庫は、カテゴリー別になっていて、そこには、より小さな倉庫も存在します。より細かく分類され、半永久的に保存される記憶は、この倉庫に納められています。

　もし、想起する作業を頻繁に行わなければ、あなたはその記憶が、どこに収納されているかわからなくなり、想起できなくなります。これが中高年の人たちに起こる「ど忘れ」です。もちろん若い人たちにもこの現象は起こります。

　せっかくテスト勉強をしたのに、肝心のテスト中にその記憶がなかなか思い出せない、という現象はその典型例です。記憶した事柄の出し入れ作業が大事なのは、そういうことです。この本でも触れている繰り返し効果は、**記憶の入力作業だけでなく出力作業においても重要**なのです。

　最近の脳科学の研究では、たとえ記憶が、貯蔵されている倉庫に記憶されている事柄であっても、思い出すことなく放っておけば、冷蔵庫の中の食材同様、記憶から葬り去られる運命にあると考えられています。

　もしもあなたが安定して記憶を保持したいなら、**記憶した事柄を頻繁に倉庫から出し入れする**ことが大事なのです。これが復習という作業です。このとき、記憶したテキストを見るだけでも想起する効果はあるのですが、それよりも、声を出して読み上げたり、自らの手でノートに書き記したりするほうが、明らかにその事柄が想起されやすくなります。見る（視覚）ことと連動させて、書いたり（触覚）、聴いたり（聴覚）して感覚器官を総動員する作業が、記憶をより安定させてくれるのです。

ただ、頭の中で思い出すだけでなく、体の感覚器官を総動員して思い出すと効果が高まる

8-2 エピソード記憶と結びつけて覚える

　長期記憶は、**宣言記憶**と**非宣言記憶**に分けられます（図31）。宣言記憶はさらに、**意味記憶**と**エピソード記憶**の2つに分類できます。「1192年に源頼朝が鎌倉幕府を開いた」という知識を記憶するのが意味記憶です。あなたの人生の体験はエピソード記憶です。

　非宣言記憶も2つに分類できます。**手続き記憶**と**プライミング記憶**です。手続き記憶は、スポーツや芸術における技の習得の総称です。プライミング記憶は、条件反射的な記憶です。たとえば、山道を歩いているとき、突然草むらからヘビが飛び出してきたら、あなたは「キャー」と悲鳴を上げて逃げ出すかもしれませんが、この行動を取らせるのがプライミング記憶です。

　試験のほとんどは、知識を記憶する意味記憶の能力を試されます。意味記憶はそれ以外の記憶に比べて不安定で移ろいやすいもの。だから、それ以外の定着しやすい記憶と連動させて記憶する

図31　記憶の分類

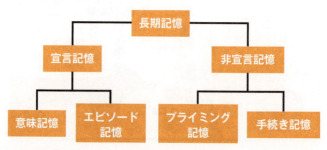

エピソード記憶には、必ず「場所」が必須の要素として入っているので、場所情報がしばしば記憶を呼び起こす際の手がかりとして機能する

第8章 記憶力を強くする技術

　工夫が大切なのです。たとえば、自動車の助手席や通勤電車の中で記憶するのは、とても有効です。なぜならエピソード記憶と連動させて記憶できるからです。

　ぜひ、あなたに試してほしい実験があります。まず、時間を10分に限定して、自宅の書斎と通勤電車で、英単語をそれぞれ30ずつ覚えます。できればあなたにとって見慣れない、やや難解な英単語を選択してください。1分間で3つの英単語を記憶するペースで覚えていきましょう。

　このとき、1つだけ意識してやってほしいことがあります。それは、通勤電車内で覚えるときは、**どの駅の周辺を電車が通過しているかを頻繁に意識しながら英単語を記憶する**ということです。もちろん、書斎で記憶するときにはいつも通りに記憶して構いません。そして、記憶した1時間後に、記憶した英単語を紙へ書き出してみましょう。どちらのほうがたくさん英単語を正しく記憶できましたか？　ほとんどの人が、通勤電車の中で記憶したほうが成績は良かったはずです。

　移動する電車の中で記憶したとき、その英単語をどの駅の周辺で記憶したかを意識すると、エピソード記憶と連動するので、鮮明な記憶として脳内に残るのです。一方、書斎で記憶する場合は、周囲の環境はまったく変化がないので、エピソード記憶と連動させることは難しいのです。ただし、リビングでテレビを見ながらこの作業をすると、記憶する英単語とテレビの内容が連動して記憶に残りやすくなります。

　ただひたすら書斎で勉強に没頭するだけでなく、ときには変化が目まぐるしい雑踏に出て、周囲の環境の変化を意識しながら勉強すると、案外スイスイと記憶できます。この方法は特に**無味乾燥な知識を暗記するとき**、使えるテクニックです。

151

記憶したいことは繰り返し思い出す

イギリスの認知心理学者エレノア・マグワイア博士は、ロンドン市内を走るタクシー運転手の海馬を、MRI画像診断法で分析しました。その結果、一般人よりも明らかに海馬後部の容積が大きいことを突き止めました。しかも、彼らの海馬後部は、歳を取れば取るほど大きくなっていることが判明したのです。海馬後部は空間的記憶の形成に関与しています。タクシー運転手の海馬後部は、複雑なロンドン市内を常に走ることで刺激され、大きくなったのです。脳は使い続けることで、加齢によって衰えるどころか進化するのです。これまでの「加齢により脳細胞は着実に減っていく」いう説は見事に覆されました。

効率的な知識の習得には、脳の機能をしっかりと理解して学習することが重要です。脳は、入力よりも出力することで記憶を定着させることができるのです。パデュー大学（米国）にある心理学教室で、ある実験が行われました。スワヒリ語の単語を40個記憶させる実験です。学生を被験者にして、いくつかのグループに分けて実験が行われました。この結果、記憶を長期記憶として定着させることができたのは、確認テスト（出力）を繰り返し行ったグループでした。何度も繰り返し学習（入力）したグループは、確かに記憶した当初のテストでは正解したのですが、後日、再テストをしたときの成績は芳しくなかったのです。

つまり、記憶したい事柄を長期記憶として脳に定着させたかったら、ただ繰り返し学習という入力作業を行うだけではなく、想起（思い出すこと）という出力作業を重点的に行うことが肝心です。参考書の答えの欄にオレンジ色のペンで答えを書き込み、

第8章 記憶力を強くする技術

その上に赤色の透明下敷きを重ねることで見えないようにし、答えを想起した後、チェックするという作業の繰り返しは、受験勉強や定期テストでは、定番のテクニックですが、記憶を長期記憶に移行させるためにはとても有効な勉強法なのです。

忘れるには思い出さないのがいちばん。思い出さないようにするためには新しい恋をするのが効果的。辛い恋を思い出すことが減るからだ

8-4 繰り返し復習して記憶を定着させる

　記憶を定着させる王道は**反復**です。受験勉強で記憶すべき情報は、生命維持にはまったく無関係ですが、反復することで自動的に短期記憶から長期記憶に移行します。反復することで、海馬は「きっとこれは大切な情報なんだ！」と思い込むのです。そうすればシメたものです。

　これは、知識の記憶だけでなく、運動の記憶にも適用できます。テニスの錦織圭選手は、フォアハンド・ストロークの反復作業をひたすら繰り返すことにより、素晴らしいショットを身に付けました。

　私は小さいころから暗記が得意でした。小学生のときから鉄道マニアだった私は、週末に関西のさまざまな電車に乗り、出掛けていきました。もちろん、バッグの中に時刻表を入れて持ち歩き、車中で繰り返し読みながら、今、自分がいる場所をしっかりチェックする作業を重ね、関西地域のJRだけでなく私鉄のすべての駅を完璧に記憶したのです。

　そして今度は、九州の西鹿児島駅（当時）から北海道の稚内駅までの駅を暗記することにも挑戦して、見事に正しくすべての駅を完璧に暗記しました。そのとき私は、時刻表の地図に書き込まれた駅名をお経のように繰り返しながら、同時に脳裏で時刻表の地図をイメージして記憶していったのです。

　また、私は大学時代、落語研究会に所属して、当時20〜30分のネタを50以上記憶して実際に演じましたが、台本はひたすら反復作業によって記憶しました。

　前にも少し触れましたが、脳は、記憶することより忘却するこ

第8章 記憶力を強くする技術

とのほうが得意なのです。脳の容量は限られており、入ってくる情報をすべて記憶していたら、すぐにパンクしてしまいます。記憶よりも忘却が得意な脳に、あなたが何かを記憶として定着させたかったら、ただ、ひたすら反復作業する時間をしっかり確保することです。

トロント大学(カナダ)のアンドリュー・ビーマンラー博士は、幼稚園児、小学1、2年生を対象に、読み聞かせの実験をしました。Aグループには同じ本を2回、Bグループには4回読み聞かせました。結果は、4回読み聞かせたBグループのほうが、2回読み聞かせたAグループよりも、理解度が12％高かったのです。

最近「複数回読み」を強調したベストセラー本が出ていますが、「繰り返し効果」は、着実に読解力を高めてくれます。特に難解な事柄は、そっくり丸暗記するくらいの心構えで繰り返し読むことで、自然にその事柄は頭の中に叩き込まれるのです。

思い出すと忘れない。だから、少し時間をあけて（忘れたころに）復習するのは効果的なのだ。「覚えてもすぐ忘れちゃう……」のはまったく正常で、しつこく覚え直すことが肝なのである

85 感情や体験を織り込んで記憶する

　暗記したい事柄に、感情や自分の体験を吹き込むと、長期記憶として定着する確率が明らかに高まります。たとえば、「白河天皇が上皇になった1086年から、平家滅亡までの約100年間を院政時代といい、上皇や法皇が実質的な政治の中心であった」という事実は、これだけを捉えたら無味乾燥で、あまり興味が湧かないでしょう。

　しかし、「自分が11世紀後半に生きる上皇だったら、どんな政治をできただろう？」と、自分が白河上皇になったつもりになったらどうでしょう？　心の中で繰り返し当時に戻って、イメージトレーニングを実践すれば、記憶として定着しやすくなります。

　「好き嫌いの感情」を入れて記憶することも有効です。たとえば、「アンモニアは、特有の刺激臭を持つ無色の気体で、水に良く溶け、水溶液はアルカリ性である」という事実を、「アンモニアが大嫌いな理由は、あの臭いが我慢できないからだ。どうせなら水に全部溶けてなくなってほしい。アンモニアが大嫌いだから、アルカリ性まで嫌いになってしまいそうだ」のように、好き嫌いの感情を織り交ぜながら記憶すれば忘れることはありません。

　イリノイ大学(米国)のシャロン・シャービット博士は、広告の記憶されやすさについて、「好き嫌いの感情を引き出す広告ほど良く記憶される傾向がある」と主張しています。多くのコマーシャルが、人々の好印象を刺激する内容なのは典型的な例です。

　もちろん、好き嫌いの感情を入れるのが難しい、無機質な情報もあるかもしれません。そんなときは、**喜怒哀楽や痛み、温度や湿度の感覚**まで盛り込んでみましょう。あなたの感情や感覚を総

第8章 記憶力を強くする技術

動員して記憶すれば、脳はその事柄を安定した長期記憶として定着させてくれるのです。

感情や経験を織り込んで記憶すると、エピソード記憶と結び付くので、長期記憶として定着しやすい

86 「自宅記憶法」で大量に覚える

　私は記憶力を強くする方法として**コンビニ記憶法**を提唱して、すでに多くの学生やビジネス・パーソンの方々に活用してもらっています。やり方は簡単です。まず、自宅やオフィスの近くの、普段最も多く利用しているコンビニを見つけてください。

　そして、今度そのコンビニに行ったら、置かれている場所を手掛かりに、具体的な商品をできるだけたくさん記憶することに努めましょう。このとき、具体的な商品のデザインだけでなく、商品名までしっかり記憶しましょう。

　この方法で記憶すると、ただ漫然と商品を記憶しようとするよりも、驚くほど鮮明に多くの商品を記憶できることに気が付くはずです。この習慣が、左右の脳を連動させる格好の脳トレになるのです。

　私は、この記憶法を日常の習慣に盛り込むことで、行きつけのコンビニに1分滞在するだけで、約30の商品を鮮明に記憶できるようになりました。場所という空間が、記憶力を増進させてくれるのです。この記憶法をマスターすれば、記憶力を強くするだけでなく、コンビニに並んでいる最新の商品のトレンドを短時間で押さえることができますから、ビジネスにもプラスになる一石二鳥の記憶法です。

　なお、この記憶法を応用した、最大30種類の記憶ができる、私が**自宅記憶法**と呼んでいる記憶法を紹介しましょう。右に記した自宅の30ヵ所に、自分が記憶したい事柄を結び付けて記憶する方法です（**図32**）。この方法を使えば、驚くほど鮮明に記憶できることに気が付くでしょう。

第8章 記憶力を強くする技術

コンビニ記憶法は、場所という空間を利用して覚えやすくしている

図32　手掛かりとなる自宅の30カ所

1	玄関のドア	11	ソファ	21	天井
2	郵便受け	12	冷蔵庫の中	22	カレンダー
3	傘立て	13	キッチン	23	ベランダ
4	玄関の靴置場	14	まな板の上	24	ごみ箱
5	玄関の入り口	15	電子レンジ	25	パソコン
6	トイレ	16	風呂場	26	食器棚
7	洗面所	17	書斎のテーブル	27	観葉植物
8	書棚	18	タンス	28	ランプ
9	テレビの前	19	ベッド	29	目覚まし時計
10	ダイニングテーブル	20	寝室の机	30	窓

場所を正確に記憶している自宅を使えば、より精密な記憶が可能になる

87 筋力トレーニングを記憶法に応用する

　学習した内容を短期記憶から長期記憶に移行させるには、**反復学習**が効果的です。ここで実験をしてみましょう。以下に10個の意味のない単語を列記します。この単語を制限時間内に暗記してください。1つの単語につき5秒が制限時間です。

　　「くれさ」「たとそ」「つみち」「ひくは」「へいね」
　　「くこて」「ひつと」「せめき」「めつた」「らちか」

　記憶した後、復習してはいけません。そして20分後、1時間後、そして6時間後に、いくつ正しく思い出せるかテストしてください。

　ここで、有名な**エビングハウスの忘却曲線**について解説しておきましょう。ドイツの心理学者、ヘルマン・エビングハウスは、意味のない文字列を組み合わせて被験者に記憶させ、一度記憶した文字列をどのくらいの時間で、再度正確に記憶できるかを実験しました。たとえば、5個の文字列を覚えるのに、最初は5分かかったとします。30分後になるといくつか忘れていますが、ここで5個の文字列を覚え直します。覚え直すのに1分かかったとすると、最初の5分の1の時間で覚え直せたことになります。つまり4（分）÷5（分）＝0.8となり、80％の時間を節約できたことになります。これを**節約率**と呼び、この結果を比較しました。結果は図33の通りです。20分後の節約率は58％、1時間後は44％、1日後は26％、1週間後は23％、1カ月後は21％でした。

　この結果で注目すべきことは、記憶後は急激に忘れてしまい、**1時間経つと、覚え直すのに最初に掛かった時間の半分以上の時間を必要とする**ということです。この事実から私たちが勉強に活かすべきことは、**1時間後に復習する**ということです。

第8章 記憶力を強くする技術

　復習した後は、その節約率も当然上昇します。1時間後に復習したら、24時間後にダメ押しの復習をしてください。

　記憶は筋力トレーニングと似通っています。筋力を付けたかったら、毎日トレーニングするのではなく、1日おきにトレーニングしましょう。なぜなら、超回復という現象が起こって、筋力を増強してくれるからです。休息中、いったん破壊された筋肉が修復されて、トレーニング前よりも筋肉量が増えるのです。

　記憶も、**復習と復習の間の休息時間は、記憶を整理して定着するために必要な時間**です。やみくもに復習するよりも、一定の間隔をあけて復習することが効果的なのです。

図33　エビングハウスの忘却曲線

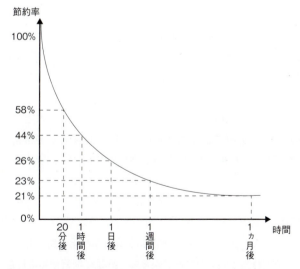

何かを覚えたら1時間後に1回目の復習を行い、24時間後に2回目の復習を行うのが、忘れないためには効果的だ。ある程度、間をあけるのがポイントである

8 暗記物は睡眠前学習で記憶する

　忙しい人にとって就寝前の2時間は、勉強のゴールデン・アワーといえます。こんな心理学の実験データがあります。シカゴ大学（米国）のティモシー・ブラウン博士らは、朝学習型と夜学習型の2つのグループに分けて、以下のような実験をしました。

　まず2つのグループに学習させ、その直後、12時間後、24時間後に、記憶がどの程度残っているかについて検証しました。その結果、明らかに夜学習型のグループのほうが、成績が良かったのです（図34）。

　その理由をブラウン博士は、「朝に学習したグループは、学習した内容が安定する前に昼間の活動に入るため、記憶が定着しない」と述べています。一方、夜に学習したグループは、その後、睡眠に入るため、**就寝前に記憶した事柄がうまく整理されて、記憶が定着する**のです。ただし朝学習型でも、睡眠を取った後は成績がグッと上がりました。ここからも、睡眠が記憶に好ましい影響をもたらすことが良くわかります。

　また、語学の勉強をした後にテストし、勉強前と比べてどれほど点数が上がるかを調査した実験によると、勉強直後の点数よりも、睡眠を取った後の翌朝のほうが高得点だったというデータもあります。

　私自身も、睡眠前学習の効果を実感しているので、今でも睡眠前の時間を活用して、学習にあてています。私の場合、この時間帯に集中して、読書や新聞・雑誌による情報収集の時間にあてます。長年行っているこの習慣からも、**昼間に学習するよりも、明らかに記憶が頭に残っていることを実感**しています。

なお、朝の脳は活性化しているので、直観やひらめきを呼び起こすには、朝のほうが有利であることは間違いありません。クリエイティブな発想系の作業は、起床後2〜3時間に行うことが肝要なのです。

「入力作業は就寝前に、出力作業は早朝に」

脳を合理的に使うなら、上記の鉄則を遵守してください。睡眠前後のそれぞれ1時間は、多忙なビジネス・パーソンや学生にとっても貴重なゴールデン・アワーです。なんとしても、この睡眠前後のそれぞれ1時間を勉強時間にあてましょう。

図34　睡眠前学習についての実験結果

点数が高いほど優秀。記憶は、睡眠によって整理される。何かを覚えるなら寝る前の時間が効果的だ。朝学習型でも、一度寝た後は記憶が整理されて高得点を取っている
出典：Timothy P. Brawn, Kimberly M. Fenn, Howard C. Nusbaum, and Daniel Margoliash, "Consolidation of sensorimotor learning during sleep", *LEARNING MEMORY*, 15, 2008, pp.815-819.

COLUMN07

京大落研で出会った記憶の天才Y君

　私は、高校時代から演じていた落語に磨きをかけるため、京都大学の2年生になった春、落語研究会に入部しようと思いました。ところが、当時の京都大学には落語研究会がなかったので、学生食堂の掲示板にポスターを貼って同志を募りました。すると、何人かの学生が集まってきました。そのうちの1人が、当時1年生のY君でした。彼もまた高校時代から落語を演じており、意気投合し、このとき「京大落研」が復活したのです。それ以降は、週2回のペースで練習会が始まりました。

　彼は、京都大学の経済学部にトップで合格したほどの秀才で、驚くべきことに**「一度落語を聞いただけで、その落語ができる」**という特技を持っていました。私自身も卒業時には、50近くの落語のネタを演じることができたので、記憶力には自信があったのですが、彼には到底かないませんでした。

　彼は、まずストーリーの内容を、イメージトレーニングによって絵で記憶していました。次に、ストーリーの中のキーワードをピックアップしてその絵に貼り付けていき、そこにどんどん言葉をくっつけていきました。彼はこの方法で、一度聞いただけでその落語を記憶するスキルを身に付けたのです。

　セリフを丸暗記するのではなく、**ストーリーを絵で記憶して、そこに言葉をくっつけていく**――これは、読書や資料を読んで内容を理解する上でも応用できます。まず、ストーリーを絵で記憶しながら、押さえるべきキーワードを勉強ノートに記入して内容を把握することで、勉強の効率が劇的に高まるのです。

第9章
ノートを使いこなす技術

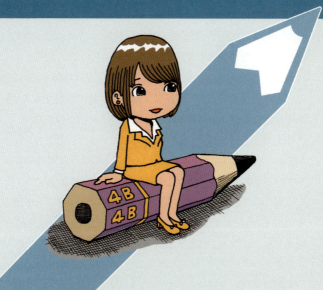

9-1	文字ばかりではなくイラストを多用する	p.166
9-2	「ダ・ヴィンチ絵画トレーニング」を実行する	p.168
9-3	授業ノートをじょうずにつくる	p.170
9-4	勉強ノートに思考を書き留める	p.172
9-5	マインド・マップをフル活用する	p.176
9-6	授業ノート、勉強ノートは色を駆使する	p.180
9-7	ノート術は読書にも生かす	p.182
9-8	付箋紙、鉛筆、消しゴムを活用する	p.184

9-1 文字ばかりではなくイラストを多用する

　右脳と左脳の機能の違いについてはすでに述べました。右脳は画像処理が得意で、左脳は言語処理に長けています。私たちは普段、ちょっとした誤解をしています。人の脳は解剖学的に見て、**文字や数字を処理するのに向いているという誤解**です。しかし、言語処理は、たかだか数千年の歴史しかなく、いわば脳が「直近に」身に付けた処理能力です。

　一方、画像処理は、私たちの祖先が数百万年前から身に付けている得意な処理方法です。ですから、言語で理解するよりも画像で理解したほうが、効率的には明らかに有利なのです。

　多くの参考書は文字で埋めつくされています。しかし、文字とイラストを比較すれば、明らかにイラストのほうが頭の中に入りやすいのです。これを勉強に活用しない手はありません。

　私は学生時代、教科書や参考書の余白に、イラストを書き記す習慣を身に付けていました。言語で理解できなかった抽象的な知識でも、イラストにすると簡単に理解できることを知っていたからです。

　実際にそれを証明する心理学の実験もあります。ユトレヒト大学（オランダ）の心理学者であるJ・ピーク博士の実験です。彼は、9〜11歳の小学生を被験者にして『夢の国のクマさん』という童話を読ませました。Aグループには、言葉だけのテキストを読ませました。そしてBグループには、イラスト付きの本を与えて読ませたのです。その後、記憶テストを行ったところ、読書直後にはこの2つのグループに差異はあまり認められませんでしたが、1日後、1週間後にテストすると、明らかにBグループのほうが良い

成績を修めたのです。

　言語を処理する左脳だけでなく、**画像を処理する右脳を連動させることで、記憶が脳に定着する確率が高まります**。普段から、教科書や参考書、ノートの余白にイラストや図解などを交えて記入する習慣を付けるようにしましょう。

教師の板書などは、できるだけイラストや図も交えて取ると、記憶に定着しやすくなる。最近、文字だけの教科書や参考書を見かけないのもそのためだ

9-2 「ダ・ヴィンチ絵画トレーニング」を実行する

　両脳を活性化させるダ・ヴィンチ絵画トレーニングを紹介しましょう。まず、12色程度の色鉛筆と画用紙を用意します。色は何色でも構いません。そのときの感性を頼りに、自由に選んでください。そして周りにあるものの中から、なにか描きたいものを見つけて、両手を同時に駆使して描いてください。もちろん、それぞれの手に持つ色鉛筆は、自由に好きな色へ交換して構いません。最初は1つの絵を両手で、慣れてきたら、左右で別々の絵を描いてみましょう。

　最初は描きにくいですが、あなたが右利きの場合、両手で同時に絵を描くことで、あなたの左手が右脳を活性化して、絵の描写力を高めてくれます。

　レオナルド・ダ・ヴィンチが、あれほど写実的にも優れた絵画を描けた理由は、彼の目にあります。ダ・ヴィンチは、少年時代を過ごしたイタリア・トスカーナ地方の自然の美しさを、動く物体を正確に認識できる動体視力の鍛練により、正確に脳に刻み込む能力を身に付けたのです。

　私は、当時のダ・ヴィンチは、イチロー選手並みの動体視力を保有していたのではないかと推察しています。たとえば、彼は鳥の飛翔を、ハイスピードカメラで撮影するかのように、飛行中の羽の動きを見事に正確に描いています。鳥の飛行中の羽の動きは、カメラによるスローモーション撮影の技術が確立するまで、誰も確認できませんでした。しかし、ダ・ヴィンチの目が確かだったことは、数世紀の時間を経て判明しています。

　あなたの両手は最初、ぎこちない動きをするかもしれません。

第9章 ノートを使いこなす技術

しかし、このトレーニングを続けるうちに、見事に目の前の対象物を写実的に描けるようになるはずです。

両手を使って絵を描くことは、脳のすべてを駆使することになるので、脳の活性化にはもってこいのトレーニングだ

93 授業ノートをじょうずにつくる

　ここでは、授業ノートをじようずにつくるコツを教えましょう。授業ノートをうまくつくって、これを活用するコツをマスターすれば、勉強の効率を高めてくれるだけでなく、重点項目をきっちり理解する能力も磨かれるからです。

　もちろん、きっちり板書してくれる先生や講師の場合は、迷わず黒板に書かれた内容を丸写しすればいいのですが、そんな先生や講師は少数派でしょう。

　そこで、講義の中で出てきたキーワードを、授業ノートに記入する習慣を付けましょう。そして、このキーワードを「核」にしながら講義の内容を記入し、講義のあとはその日のうちに**講義の内容を思い返して、ポイントを授業ノートに記入**していきます。もちろん、キーワードを頼りにしながらです。この作業によって、講義や講演の内容をしっかりと把握できるようになります。

　もちろん、疑問に思ったことは、授業ノートに必ず記入し、その日のうちに調べて解決しておきます。

　また、**自分がした勉強の内容をしっかり要約する習慣**を付けましょう。そうすれば、おさらいするときの時間が大幅に短縮されます。それだけでなく、研修会や授業で聞いた内容のエッセンスを要約するスキルも鍛えられるのです。

　なお、講演や研修会、あるいは授業をICレコーダーに録音して、自宅に戻って聞き返す人もいるかもしれませんが、この方法はあまりお勧めできません。なぜなら録音した内容を把握するには、同じだけの時間がかかるからです。これでは時間がいくらあっても足りません。

第9章 ノートを使いこなす技術

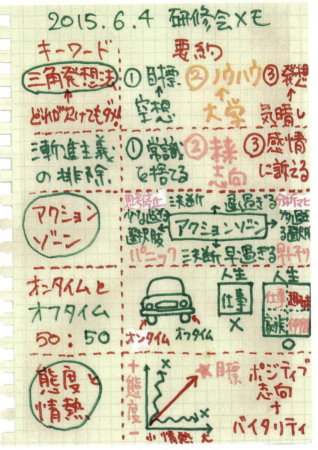

ある研修会で筆者が取ったノート。筆者がノートを取るときは、講義に出てきたキーワードをノートの左端に書き込み、右側に要約を書き込む。復習のときに考えが及んだことなども、適宜書き込む

94 勉強ノートに思考を書き留める

　文字として形に残さないと、今、あなたが考えていることは、永遠に闇に葬り去られる運命にあります。受験勉強や資格試験で良い結果を残したかったら、その時々の思いを勉強ノートに形として残しましょう。そのためには勉強ノートを1冊つくってください。勉強ノートは、授業や講義の板書を書き留める前述の授業ノートと区別しましょう。

　そして、勉強ノートは肌身離さず持ち歩き、時系列的に、その時々に思いついたことを書き記しましょう。なぜなら、脳は、あなたの人生に起こったどんな些細な出来事でも、エピソード記憶として、時系列的に、しかもとても正確に覚えているからです。また、時系列的にまとめていれば、とても読み返しやすくなります。

　勉強ノートには、少なくとも以下の5つの要素を盛り込みましょう。

1. 日々の勉強のゴール（目標）
2. 勉強のご褒美
3. 体調管理について
4. 欠点や失敗した事実
5. その時々に考えていること

　常にこの5つの要素を意識しながら、思うまま勉強ノートに記述していきましょう。この勉強ノートがあなたの問題点をはっきりさせてくれます。勉強ノートには、読んだ本の感想、その時々に勉強について思いついたことを、小まめに記入しておきましょう。そのためには、勉強ノートはできるだけ制約の少ない、自由

第9章 ノートを使いこなす技術

自分の人生に起こったことを、しっかり記録する習慣が、あなたの勉強の効率化を後押ししてくれる。自分を見つめ直すことにもなる

度の高いものを選んでください。

　ちなみに、私は、これまで数多くのアスリートのメンタル・カウンセラーを務めてきましたが、**日誌を付けないアスリートの面倒は見ない**ことにしています。日誌は、ここでいう勉強ノートのようなものです。私がカウンセラーとしてバックアップした、現在は日本を代表する、ある女子プロゴルファーは、私が作成したゴルフ日誌を1日も欠かさず記入し続けて、見事、初優勝を飾りました。

　なお、私は勉強ノートとスケジュール帳を使い分けるべきだと考えています。スケジュール帳は、あくまでも時間管理のために使うべきです。できるだけ細かいスケジュールをあらかじめ立てて、スケジュール帳に「証拠」として残し、実行力を高めます。

　スケジュール帳以外には、基本的に前述の勉強ノートが1冊あれば十分でしょう。目的によって何種類もの勉強ノートの作成を勧める人もいますが、複数の勉強ノートを使い分けるのは煩雑です。振り返るとき、どの勉強ノートのどこに書いてあったかを探しあてるのに手間がかかり、大事な勉強時間を浪費してしまうのは考えものです。

●勉強ノートが邪魔になる場所ではメモ用紙を使う

　運動中や就寝中にも、脳はアイデアや直観を絶え間なく出力し続けています。ジムに行くときも、枕元にも、メモ用紙・付箋紙・筆記用具を常備しましょう。運動中は、脳が活性化しているので、脳に化学変化が起こりやすいのです。もちろん、夢の中にも勉強のヒントが紛れています。

　メモ用紙や付箋紙に記入したものは、勉強ノートに直接書き写すか、貼るか、そのどちらかを選択してください。この作業で新

第9章 ノートを使いこなす技術

たな勉強のヒントが生まれたり、自分が重要視していることの確認ができるのです。

　勉強のヒントを出力する作業は、馬鹿にできません。なぜなら、やみくもに勉強したところで、的外れな勉強はマイナスにこそなれ、プラスになることはないからです。

・常に作業の優先順位を確認しながら勉強しているか？
・過去問を最重要視しながら勉強を進めているか？
・勉強を阻害する作業をしていないか？
・やらなくても良い無駄な作業をしていないか？

　上記のようなことを確認しながら、自分だけの勉強ノートを使って、最高の勉強ができる環境づくりに努めましょう。

勉強ノートを持って行けない場所ではメモ用紙に記入後、勉強ノートに貼ったり、書き写したりして集約する。今どき、メモ用紙が紙である必要はない。スマートフォンやタブレットのメモアプリを利用しても一向に構わない

95 マインド・マップを フル活用する

　勉強ノートに表現する上で**マインド・マップ**は、ぜひ理解して身に付けてほしい技法です。マインド・マップはイギリスの著述家トニー・ブザンが開発した技法です。彼の翻訳本はたくさん刊行されていますので、ぜひ1冊読むことをお勧めします。

　マインド・マップにはさまざまな利用方法がありますが、ここで紹介したいのは、何かを記憶するときに役立つマインド・マップと、アイデアを出すときに役立つマインド・マップです。

　何かを記憶するときにマインド・マップを使う場合は、**覚えたい項目を1枚の紙にすべて書き出す**ことが重要です。それも、ただずらずらと書き出すのではなく、いくつかの大きなグループをつくって、さらにそのグループの中でいくつかのグループをつくり、どんどん細分化していけばいいのです。

　たとえば、航空工学の全体像をつかみたければ、大きなグループとして、航空力学、航空機構造・材料、航空機システム、航空エンジン、航空計器、その他(航空整備など多岐にわたる)に分けます。さらに航空力学

は小グループとして、流体力学、揚力・抗力、翼型理論、推進装置の特性、安定性・操縦性、飛行性能、その他などと分類します。こうして1枚の紙にまとめると、どこになにがあったかを紙の上の場所とセットで意識するので、とても覚えやすくなります(図35)。

アイデアを出すときのマインド・マップのつくり方も基本的には同じです。179ページに「勉強のヒント」というテーマでアイデアを出した、私が作成したマインド・マップを示します(図36)。

図35　暗記に使うときのマインド・マップの例

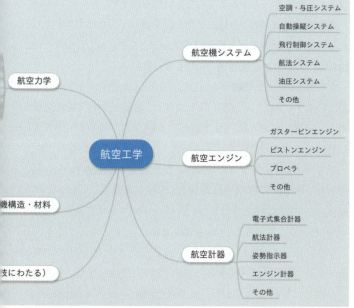

手書きでもいいが、ここでは「mindmeister」(https://www.mindmeister.com/)というウェブサービスを利用した。基本機能は無料で使える
参考：中村寛治/著『カラー図解でわかる航空力学「超」入門』(SBクリエイティブ、2015年)

まず、紙の真ん中にテーマとなる言葉を書きましょう。そして、真ん中に書いたテーマから外に向かって枝を伸ばし、関連性のある言葉をどんどん記入していきましょう。この作業により、発想が連鎖的に広がります。

●文字ではなく絵を描ければ、さらに良い

もちろん、絵を描くことができれば、言葉の横に絵を描いてください。絵をすぐ横に描けたら完璧です。絵のうまい・へたは、まったく関係ありません。子ども時代に戻って、あなたの思いを素直に絵に表現してください。脳にとってはこの方法で記述するほうが、情報を入力する上でとても自然なのです。

あなたは子どものころにたくさん絵を描いていたはずです。しかし、文字を習得すると絵を描く機会はどんどん少なくなり、表現はほとんど文字に置き換わってしまいます。

あなたにはこんな経験がないでしょうか？ 面会者が、初めてあなたのオフィスにくるとき、途中で迷い、電話をかけてくる経験です。地図を見せれば一目でわかるはずなのに、それができず受話器越しに言葉で位置を伝えるのは、とてももどかしいものです。

絵でマインド・マップを描けば、見た目もわかりやすいし、場所とセットで脳に吸収されるので、内容も忘れにくくなります。勉強ノートをつくるときは「これをマインド・マップで表現できないか」といつも考えることをお勧めします。

マインド・マップは、授業ノートをつくるときや、会議でメモを取るときにも使えます。何かの分野について「漏れなく、重複なく(MECE:Mutually Exclusive and Collectively Exhaustive)」調べたいときにも使えます。このように、マインド・マップは論理的思考を助けるツールとしても役立つのです。

図36　アイデア出しのときに使うマインド・マップの例

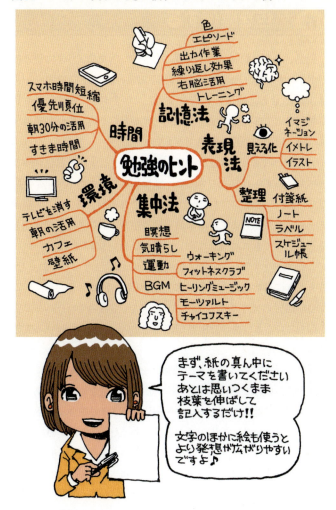

マインド・マップは文字で書いてもいいが、絵で描くと、より発想が連鎖して広がりやすい

96 授業ノート、勉強ノートは色を駆使する

　授業ノートや勉強ノートを取るときは、色をじょうずに使うのがポイントです。JIS（日本工業規格）では、赤は主に危険を、黄は主に注意を、緑は主に安全を表しています。これは、赤や黄が警告色として人の意識に留まりやすいからです。これを利用すれば驚くほど効率良く勉強できます。

　ノートを取るときは**カラーペン**を常備しましょう。黄色のカラーペンはあまり目立たないため、私はピンクのカラーペンを使用しています。記憶すべきことをこの3色で体系的にまとめて、勉強ノートに書き記します。赤は最重要の情報、ピンクは記憶すべき情報、緑はできれば覚えておいたほうが良い情報です。

　この3色のカラーペンで、重要度に応じて色分けしておくと、書くときに自然と**カテゴライズ**されますし、色で分類されているため、復習の効率も良くなります。また、3色のカラーペンで書き記していると、書いた内容が頭の中へスーッと自然に入ってきやすくなります。

　なお、時系列的に書き記す勉強ノートは、基本的に1冊に絞ったほうが良いのですが、勉強ノートを色で分類する方法もあります。重要度に応じて赤・ピンク・緑という3冊の勉強ノートを用意して、カラーペンで書き記す方法です。たとえば、赤の勉強ノートは毎日3回読み返し、ピンクの勉強ノートは毎日1回、緑の勉強ノートは1週間に2〜3回読み返します。このやり方は、メリハリを付けた勉強にはとても便利です。

　このように**重要度をあらかじめ色で認識した上で、分類・整理する作業**は、復習時にとても効果的なのです。

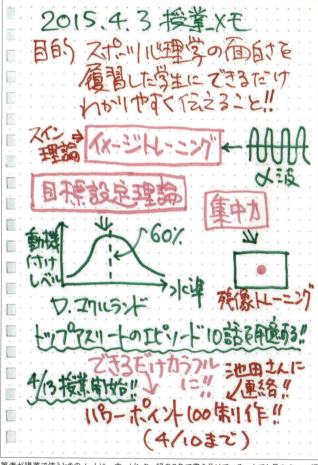

筆者が講義で使うときのノートは、赤・ピンク・緑の3色で書き分けている。とても見やすい。授業ノートも記憶の優先度に従って、同じように色分けすればいい

97 ノート術は読書にも生かす

本を読むときは、最初に鉛筆でマーキングしながら読み進めましょう。マーキングは視覚的な理解を増強する上でとても効果的です。

ただし、本を最初に読んだときは、どこも重要に感じてしまうものなので、最初に消せないペンでマーキングをすると、マーキングだらけになってしまいます。

こうなると本来の目立たせる効果がなくなってしまいますから、復習するときに重要な部分を厳選し、蛍光ペンでマーキングするのがコツです。

蛍光ペンは、赤・ピンク・緑の3色を持ち歩いてください。赤は最重要の情報、ピンクはぜひ覚えておきたい情報、緑はそれほど大事ではないが、覚えておいたほうがいい情報です。

マーキングされていない部分は、復習時には飛ばして構いません。蛍光ペンによるマーキングは、繰り返し強調してきた復習効果をより有効なものにするために、とても大切な役割を果たしてくれます。

実は、マーキングをすることは整理することでもあるのです。整理することにより、理解力は格段に高まります。多くの有名塾においても、難関校に合格した人のほとんどがマーキングをしているという事実があります。

教科書や参考書を丸暗記するという、広く、浅くの勉強では身に付かないし、勉強時間がいくらあっても足りません。マーキングの達人になるだけで、重点項目をきっちり記憶して、効率的に学習を進めることができるのです。

第9章 ノートを使いこなす技術

記憶のメカニズム
～いまだ解明されていない不思議なシステム～

　大事な人の名前がどうしても思いだせないかと思えば、何日も前のつまらない会話が簡単に蘇る。記憶は非常に重要なものでありながら、くわしい解明はまだされていない。アトキンソンとシフリンは、記憶を短期記憶と長期記憶からなると提唱した。さらに記憶の仕組みは、短期記憶へ送りだす前に感覚器官から入力された情報を保存しておく感覚記憶の3つの段階があるとされている。

・感覚記憶
　眼、鼻、皮膚などの感覚器から得た情報は一瞬だけ記憶されて消去されていく。この消去機能がないと人間は、いま接触している床や地面の感触までいちいち覚えてしまうことになり、非常に生活しにくくなる。その無数にある情報の中から意味をもつものを選別して、短期記憶に回される。

・短期記憶
　記憶の中でも一時的に貯蔵される記憶。容量的には数字で7文字±2文字程度。意味のあるものだと、記憶の負荷が減りもう少し覚えられる。留めておける時間も短く、20秒以内に忘却してしまう。ここにある記憶を繰り返したり、強い意味をもたせたりすると長期記憶に送られる。

・長期記憶
　一般的に「記憶」と呼ばれている情報。ここに貯蔵される情報はあまり忘れなくなる。ただし時間とともに次第に内容があいまいになっていく。奥に貯蔵された記憶はなにかのきっかけがないとでてこないことも多い。睡眠との関係も指摘されている。

筆者が本を読みながらマーキングするときのイメージ。覚えておきたい順に、赤・ピンク・緑の3色を使ってマーキングしている
※ ここで例として用いた書籍は、ポーポー・ポロダクション/著『マンガでわかる心理学』（SBクリエイティブ、2008年）

98 付箋紙、鉛筆、消しゴムを活用する

　私が愛用している筆箱には、蛍光ペンやカラーペンだけでなく、付箋紙、数本の4Bの鉛筆、消しゴムが入っています。どれも、コンビニエンスストアや文房具店で、さまざまな種類のものを選べます。ここでは、付箋紙を貼るテクニックと、4Bの鉛筆で書いたものを消しゴムで消すテクニックを解説しましょう。

●付箋紙

　まずは、付箋紙のじょうずな使い方です。私にとって付箋紙の目的は、主にスケジュール管理、大切な箇所のマーキング、重要な項目やアイデアの記入の3つです。できれば、付箋紙は大中小の3種類を用意しましょう。

　まずはスケジュール管理です。スケジュール帳に直接書き込むのは、決定したスケジュールです。ペンディング(保留)になっているスケジュールや、面会における留意事項は、直接書き込むよりも付箋紙に書き込み、スケジュール帳に貼り付けておいたほうが便利です。これは、変更があった場合、スケジュール帳の中で簡単に移動でき、同じことを何度も書かずにすむからです。また、スケジュール帳は、持ち運びが便利なコンパクトなものほど、書き込めるスペースが限られます。付箋紙をうまく活用すれば、スケジュール帳のスペースを温存できるのです。場合によっては、勉強ノートに移動することも簡単にできます。ここで使うのは、中サイズの付箋紙です。

　付箋紙の2番目の使い方は、大切な箇所のマーキングです。書籍の印象に残った箇所や、教科書で復習が必要なページに貼り

第9章 ノートを使いこなす技術

付箋紙の使い道

① スケジュール管理、面会時の留意事項

> 必要に応じてスケジュール帳内で移動できますし勉強ノートにも移動できます

② 大切な箇所のマーキング

> 雑誌や書籍の気になった箇所にペタペタ貼ります

③ 重要な項目やアイデアの記入

> 少し大きめの付箋紙に書き込んで、勉強ノートなどに貼りましょう

付箋紙はサイズがバラエティに富んでいること、貼り直しできること、書き込みできることがメリットだ。これらをフルに活かすようにする

付けていきましょう。目的を達成したら取り除きます。私の場合は、新聞や雑誌、書籍を、まずサラッと斜め読みしながら、重要だと思われる箇所にペタペタと付箋紙を貼り付けていきます。そして、後ほど時間をかけて付箋紙を貼り付けた箇所を読みます。ここで扱うのは小サイズの付箋紙です。あくまでも目印になればいいからです。

　3番目は、**重要な項目やアイデアの記入**です。読書しながら思いついたアイデアや、本の内容で理解できなかったり、納得できなかったりした箇所などに、その理由を書き記して貼り付けます。ここでは、いろいろ書き込めるよう大サイズの付箋紙を使います。

● **4Bの鉛筆と消しゴム**

　付箋紙への記入は、**4Bの鉛筆**をお勧めします。なぜなら、4Bの鉛筆はやわらかいので、弱い力でもはっきり書けますし、書いた文字を消しゴムで消しやすいからです。

　このように、鉛筆と消しゴムを使用して、書き込みと消す作業を繰り返すと**繰り返し効果**が働いて、覚えたい項目がどんどん脳に入ってきます。これも付箋紙のメリットです。

小学校の低学年のころ、4Bの鉛筆を使ったことがある人も多いだろう。子供でも書きやすいやわらかい鉛筆は、こんなところで大人にも役立つ

第9章 ノートを使いこなす技術

鉛筆と消しゴムを使用して書き込みと消す作業を繰り返すと、繰り返し効果が働いて、覚えたい項目がどんどん脳に入ってくる。これも付箋紙＋鉛筆のメリットだ

187

《 参 考 文 献 》

八田武志/著『伸びる育つ子どもの脳』(労働経済社、1986年)

ジム・レーヤー/著、スキャン・コミュニケーションズ/監訳『スポーツマンのためのメンタル・タフネス』(阪急コミュニケーションズ、1997年)

坂野 登/著『しぐさでわかるあなたの「利き脳」』(日本実業出版社、1998年)

ジム・レーヤー/著、青島淑子/訳『メンタル・タフネス』(阪急コミュニケーションズ、1998年)

ジェームス・B・マース/著、井上昌次郎/訳『パワー・スリープ 快眠力』(三笠書房、1999年)

ジョン・オキーフ/著、桜内篤子/訳『「型」を破って成功する』(阪急コミュニケーションズ、1999年)

和田秀樹/著『大人のための勉強法』(PHP新書、2000年)

池谷裕二/著『最新脳科学が教える高校生の勉強法』(ナガセ、2002年)

金井壽宏/著『働くみんなのモティベーション論』(NTT出版、2006年)

アラン・ラーキン/著、奥 健夫/訳『時間の波に乗る19の法則』(サンマーク出版、2007年)

内藤誼人/著『すごい! 勉強法』(海竜社、2010年)

茂木健一郎/著『脳を活かす勉強法』(PHP文庫、2010年)

池谷裕二/著『受験脳の作り方』(新潮社、2011年)

トニー・ブザン、バリー・ブザン/著、近田美季子/訳『新版ザ・マインドマップ®』(ダイヤモンド社、2013年)

石井貴士/著『本当に頭がよくなる1分間勉強法』(KADOKAWA/中経出版、2014年)

竹内龍人/著『実験心理学が見つけた超効率的勉強法』(誠文堂新光社、2014年)

児玉光雄/著『マンガでわかる記憶力の鍛え方』(SBクリエイティブ、2009年)

児玉光雄/著『上達の技術』(SBクリエイティブ、2011年)

児玉光雄/著『マンガでわかるメンタルトレーニング』(SBクリエイティブ、2013年)

索引

数・英

635法	72、75
F5野	14
MECE	178
PDCAサイクル	56、57
SMART理論	30、31
SWOT分析	58、59

あ

アドレナリン	10、46
アルファ波	22、23
意味記憶	150
エピソード記憶	150、151、157、172
エビングハウスの忘却曲線	160、161
演繹法	66、67

か

海馬	18、19、103、146、152、154
加速学習	92
可塑性	12、13
期待欲求	136
帰納法	66、67
共感回路	16
空間認知能力	86、87
クロスSWOT分析	58、59

さ

三角ロジック	62～66
残像集中トレーニング	124
シータ波	22、23、103
自己暗示	24、128
視床下部	106、107
シナプス	12

締め切り効果	35、126、142
集中学習	52、53
終末効果	110、111
初頭効果	110、111
持論系モチベーター	134、135
ストループ・テスト	112、113
ストループ効果	112
成長欲求	138
セルフ・セオリー	135
宣言記憶	150
前頭葉	10
前頭連合野	107
全脳思考	82
側坐核	107

た

ダ・ヴィンチ絵画トレーニング	168
大脳基底核	18、19
大脳皮質	18、19
多重知能	20
短期記憶	18、52、154、160
長期記憶	18、19、52、146～148、150、152～154、156、157、160
テストステロン	86、87
手続き記憶	150
動体視力	168
ドーパミン	10、11

な

脳幹	106、107
脳梁	80～82
ノルアドレナリン	10

189

は

場所ニューロン	103
パレートの法則	96
反復学習	160
ピーキング	36
ビジョン・トレーニング	88、89
非宣言記憶	150
副腎皮質	46
プライミング記憶	150
分散学習	52、53
ベータ波	22、23
勉強ノート	100、115、164、172、174〜176、178、180、184

扁桃核　　　18、19、106、107

ま

マインド・マップ	176〜179
マトリクス分析	68、69
ミラー・ニューロン	14〜17
メタ認知的技能	70、71
メタ認知的知識	70、71

や・ら・わ

ヤコブソン・トレーニング	76
量質転化	32
ワーキングメモリー	146、147

サイエンス・アイ新書 発刊のことば

「科学の世紀」の羅針盤

20世紀に生まれた広域ネットワークとコンピュータサイエンスによって、科学技術は目を見張るほど発展し、高度情報化社会が訪れました。いまや科学は私たちの暮らしに身近なものとなり、それなくしては成り立たないほど強い影響力を持っているといえるでしょう。

『サイエンス・アイ新書』は、この「科学の世紀」と呼ぶにふさわしい21世紀の羅針盤を目指して創刊しました。情報通信と科学分野における革新的な発明や発見を誰にでも理解できるように、基本の原理や仕組みのところから図解を交えてわかりやすく解説します。科学技術に関心のある高校生や大学生、社会人にとって、サイエンス・アイ新書は科学的な視点で物事をとらえる機会になるだけでなく、論理的な思考法を学ぶ機会にもなることでしょう。もちろん、宇宙の歴史から生物の遺伝子の働きまで、複雑な自然科学の謎も単純な法則で明快に理解できるようになります。

一般教養を高めることはもちろん、科学の世界へ飛び立つためのガイドとしてサイエンス・アイ新書シリーズを役立てていただければ、それに勝る喜びはありません。21世紀を賢く生きるための科学の力をサイエンス・アイ新書で培っていただけると信じています。

2006年10月

※サイエンス・アイ（Science i）は、21世紀の科学を支える情報（Information）、知識（Intelligence）、革新（Innovation）を表現する「 i 」からネーミングされています。

SB Creative

サイエンス・アイ新書

SIS-342

http://sciencei.sbcr.jp/

勉強の技術
すべての努力を成果に変える科学的学習の極意

2015年11月25日　初版第1刷発行

著　者　児玉光雄
発行者　小川 淳
発行所　SBクリエイティブ株式会社
　　　　〒106-0032　東京都港区六本木2-4-5
　　　　編集：科学書籍編集部
　　　　　　　03(5549)1138
　　　　営業：03(5549)1201
装丁・組版　クニメディア株式会社
印刷・製本　図書印刷株式会社

乱丁・落丁本が万一ございましたら、小社営業部まで着払いにてご送付ください。送料小社負担にてお取り替えいたします。本書の内容の一部あるいは全部を無断で複写（コピー）することは、かたくお断りいたします。

©児玉光雄　2015 Printed in Japan　ISBN 978-4-7973-8218-1

SB Creative